U0312422

爱健康 | 爱生活　　凤凰含章
Phoenix-HanZhang

人类智库编辑部 主编

家常菜秘诀，这样做最好吃

江苏凤凰科学技术出版社　凤凰含章

Contents

Contents

Chicken
Part 3 鸡肉类

Beef & Mutton
Part 4 牛、羊肉类

Contents

Part 5　*Vegetable* 蔬菜类

Contents

Part **6** *Bean & Egg*
豆、蛋类

Part **7** *Rice & Noodle*
米面类

Contents

Part **8** *Soup*
汤品类

Index 附录

导读

● 单元名称
在书的左上角与右上角，将依照食材分类的不同篇章，以不同颜色区分，使读者能快速清楚地辨别。

● 应用食谱
针对每个"烹调疑问"均列举了一道应用食谱。从材料、调味料至做法均有介绍，一目了然、易读易懂，只要照着步骤做，烹饪过程绝对零失败。

● 烹调疑问
烹煮家常菜的过程中，最常遇到的有关食材处理、烹调方法或技法等方面的疑惑。

● 疑问解答
以分条罗列的方式，言简意赅地将答案阐述清楚，使读者能在了解正确烹调技巧之后，避免烹调错误，变身家常菜烹饪高手。

● 烹饪叮咛
每道食谱均附有食材加工、烹饪方法等方面的贴心提示，让零失败的家常菜美味再加分。

Part1 海鲜类 Seafood

Q 煎鱼时怎么做鱼皮不粘锅？

A
1. 用厨房厚纸巾充分擦干鱼身，然后在鱼皮上均匀抹一层面粉或淀粉。
2. 要用热锅冷油法，先将锅烧热，用姜片擦抹锅底。
3. 下锅时，放入足够的油（以鱼肉可完全沾不油脂为准）。
4. 煎鱼时一定要用温油煎才能使鱼肉完全熟透，要翻面时，可以先轻晃锅子看鱼是不是能被晃动，会晃动则表示鱼皮脆硬不粘锅，可翻面。

INFORMATION NOTES

鲈鱼挑选要诀
选择肉质紧实，眼睛清澈不混浊、眼睛周围的轮廓呈黑色、鱼身肥圆，鱼鳞亮透者，尤其是尾部鳃部鼓起者，口感特别脆爽。在清洗和处理上，可先将鱼鳞刮除，然后去鳃及内脏，即可，由于鱼鳞很密，应仔细刮除，原则上，要趁新鲜食用，万一需要放在冰箱中保存时，必须在清洗和处理后，装入保鲜袋内，放在冷冻库保存。

鲈鱼变化菜肴
苦瓜鲈鱼汤、清蒸鲈鱼、葱油鲈鱼、鲈鱼汤、豆瓣鲜鲈鱼、豆酥鲜鲈鱼、冬瓜破布子蒸鲈鱼、泰式柠檬鲈鱼。

鲈鱼营养功效
鲈鱼中以维生素A、B族维生素和铁比较丰富，在初夏的盛产季节时，维生素A和维生素D的含量更加丰富。维生素A可以促进黏膜的健康，保护视力，还可以预防呼吸道感染，避免感冒；B族维生素有助于促进所摄取的各种营养的消化和代谢，增加体力；鱼肉含有较多的维生素B和有助于预防贫血的铁质。维生素D不仅可以促进钙质的吸收，还有助于缓和压力，稳定情绪。

18

Seafood

Part1 海鲜类

试菜时间 红烧鱼

材料
鲈鱼1条（约700克），香菇2朵，冬笋50克，葱3根，姜30克，大蒜4瓣，红辣椒1个。

调味料
A料：盐、米酒各1大匙，淀粉3大匙。
B料：米酒、白糖各1大匙，酱油3大匙，水2杯。

做法
1. 刮除鲈鱼鳞片，洗净，沥干水分，两面各轻划3刀，入盘中均匀抹上A料，腌约10分钟。冬笋去皮切片；香菇泡软，对半切开；葱切段；姜、大蒜、红辣椒均匀切片。
2. 锅中倒入4大匙油烧热，放入鲈鱼以小火煎至两面呈金黄色，起锅，沥干油分。
3. 锅中倒入1大匙油烧热，爆香葱、姜、大蒜、红辣椒，放入香菇、冬笋炒香，加入鲈鱼、B料，以大火煮开，改以小火焖煮10分钟即可。

COOKING POINT!

去除鲈鱼腹部的白膜可避免苦味
鲈鱼腹部的白色内膜带有一点苦味，所以烹调前一定要处理干净。鲈鱼最常见的烹调方式是清蒸或煮汤，新鲜的鲈鱼可以生吃，也可以醋腌、红烧、烧烤，尤其手术过后最适宜调养鲈鱼的，因为鲈鱼含丰富的维生素A、维生素D，有补血、长肉、促进伤口愈合的功效。

活用技法：烧
食材入锅后，加水及调味料，先用大火烧开，再用小火烧热入味，改为中、大火收干汤汁，就叫做"烧"。"烧"可分为红烧、白烧、酱烧、干烧四种。"红烧"最常用的是酱油、糖，做出来的汤汁浓稠有味；"白烧"和红烧不同点就是不加糖又有颜色的调味料；"酱烧"是先把甜面酱、豆瓣酱、西红柿酱翻炒，再加上其他调味料及适量高汤，接着放入炸过的原料烧煮入味；"干烧"适用于质老量多、鲜味不足或质地细嫩的原料。

19

● 变化烹饪方法
单一食材可以延伸出的食谱。

● 营养保健
食材的营养成分介绍，告知读者如何烹调才能摄取最丰富营养素，还有给适合与不适合者的提醒。

● 挑选要诀
从外形、重量、颜色等方面教读者选购食材，以及食材保存与处理的常识。

● 活用技法
食材烹调中的技法与相关常识。

备注： 1杯（液体）=250毫升　　1大匙（固体）=15克　　1小匙（固体）=5克
　　　　1杯（固体）=140克　　　1大匙（液体）=15毫升　1小匙（液体）=5毫升

Part 1 海鲜类

Seafood

[常见可食蟹类]

旭蟹

　　蟹肉味道与一般螃蟹无异，但蟹黄特别香，一般来说，母蟹的肉质比公蟹好。挑旭蟹时，要注意蟹身是否肥重、饱满，而非体型较大就是好。旭蟹的盛产期在春天，要注意烹煮前不要冷藏，随煮随吃。

花蟹

　　俗称花仔或花螃蟹，外壳带淡橘红的底，配上黑褐斑纹，蟹壳上有一个明显的十字形，外表艳丽，腹面为嫩粉红色，卖相特佳。挑选时以重量较重、体型饱满，且不带氨臭味者为好。花蟹本身蟹肉饱满，适合清蒸，或是用姜、葱拌炒。

青蟹

　　一般所称的青蟹是体内有蟹膏的雌蟹，螯足粗壮、花滑无毛，是蟹类中体型最大者。青蟹以肉质取胜，脂肪含量虽少，蛋白质的含量却相当丰富，且含大量牛胺酸与烟碱酸，喜欢啃蟹脚与丰厚蟹肉的人，最适合选择青蟹。挑选时应选蟹身背壳颜色深青、蟹腹雪白、螯夹肥大、蟹身重且个体肥大的。

梭子蟹

　　又称金门蟹，是具有代表性的海产。选购时以活动力、爬行力佳，以手指轻触蟹眼时眼睛会闪动，蟹型完整、蟹体大而饱满的为最好。9月以后的雌蟹有满肚的丰腴膏黄，10月之后雄蟹的肉质肥硕鲜嫩。

[处理青蟹的方法]

1 将螃蟹腹部尾端的上盖剪下。

2 用手将螃蟹腹部外壳与蟹身拨开。

3 将砂囊取出。

4 用剪刀修剪蟹壳边缘。

5 将大蟹钳多余的突起 和蟹鳃杂毛清除干净。

6 用干净的布将蟹脚上的脏污拭净。

7 将拨起来的腹部蟹壳切成适当大小。

8 另一边带蟹脚的蟹体切去大蟹钳，蟹钳分切数节。

9 再切除各蟹脚尖端。

10 将带蟹脚的蟹体分切数块。

Q 鱼片如何炸才会酥？

A
1. 鱼片先沾蛋汁再沾地瓜粉。
2. 先将油炸温度设为140℃，再将鱼片分散开来放入油锅，油温要保持恒定，不可过高，以免鱼片外焦内生；而油温过低，油炸面衣极容易脱落。
3. 冷冻鱼片，一定要先解冻才可腌渍过粉，不然里面的水分流出来，会影响酥炸鱼片的口感。

 常见的鳕鱼种类

圆鳕

    圆鳕属于深海鱼，依地域又有冰岛圆鳕、阿拉斯加圆鳕等，口感与肉质稍有差异。圆鳕在香港被称为银鳕，菜单上常见的龙鳕也属于圆鳕。由于濒临绝种危机而限制捕捞，因此圆鳕货源少、价格也较昂贵。

    圆鳕的鱼皮薄、呈黑色，肉质滑嫩扎实，口感细致富弹性，肉色较白，适合清蒸、火烤、油煎或少油炸的烹调方式。

圆鳕

    市场或超市多将圆鳕切成圆片状贩售，但因为货源较少的圆鳕与单价较低的油鱼切片后长相相似，也有一些卖场以油脂较多但价格较低的油鱼充当圆鳕，发生食用后腹泻不止的情形。

    可以从鱼皮、肉色与口感来区分圆鳕及油鱼。油鱼鱼皮颜色比圆鳕淡，呈浅灰色，且是节鳞状，有骨瘤突出，肉色偏黄，肉质虽油但较无弹性、口感差，不容易消化。

油鱼充当圆鳕

試菜時間 **酥炸鳕鱼**

材料

鳕鱼600克，葱1根，姜3片，柠檬1／4个，鸡蛋2个。

调味料

A料：米酒1大匙，盐、胡椒粉各1／2小匙。

B料：地瓜粉200克。

做法

1. 葱洗净，切段；姜去皮，洗净，切片；鸡蛋打入碗中搅匀成蛋汁；柠檬洗净，切开。

2. 鳕鱼洗净，沥干，放入碗中加入葱、姜、蛋汁及A料搅拌均匀，并腌约8分钟；取出鳕鱼，沾裹B料略压一下。

3. 锅中倒入1杯油烧热，放入鳕鱼炸熟，捞出，切块，盛盘端出，待食用时挤上柠檬汁即可。

COOKING POINT!

鳕鱼要挑鱼肉结实鱼皮有弹性者

　　市场贩售的鳕鱼以切片的居多，要选择外皮富有弹性，鱼肉结实，富有透明感者。

　　清洗和处理：烹饪前冲洗干净即可。切片鳕鱼容易变质，应趁早食用，如果购买较多，可以将每一片分别包装后，放在冷冻库中保存。

扁鳕

　　市场最常见的扁鳕其实是属于比目鱼科的大型鱼种，同样是深海鱼，生存在海底200～2000米，因口感与圆鳕类似，肉质香滑鲜美，但价格较圆鳕低1～2成而颇受欢迎。

　　市售扁鳕多斜切成鱼片，与较圆的鳕鱼形状略有不同。扁鳕与圆鳕的主要差异在于脂肪含量，扁鳕的脂肪含量比圆鳕高，尤其集中在鱼皮与肉质之间，肉质细腻、软滑，切面处可见肌理分明，入口却没有粗糙感，适合干煎、清蒸。

扁鳕

Q 煎鱼时怎么做鱼皮不粘锅？

1. 用厨房厚纸巾充分擦干鱼身，然后在鱼皮上均匀抹一层面粉或淀粉。
2. 要用热锅冷油法，先将锅烧热，用姜片擦抹锅底。
3. 下锅时，放入足够的油（以鱼肉可完全沾到油脂为准）。
4. 煎鱼时一定要用温油慢煎才能使鱼肉完全熟透，要翻面时，可以先轻晃锅子看鱼是不是能被晃动，会晃动则表示鱼皮脆硬不粘锅，可翻面。

INFORMATION NOTES

鲈鱼挑选要诀

选择肉质紧实，眼睛清澈不混浊、眼睛周围的轮廓呈黑色，鱼身肥圆，鱼鳞亮透者，尤其是尾部根部鼓起者，口感特别甜美。在清洗和处理上，可先将鱼鳞刮除，然后去鳃及内脏，即可。由于鱼鳞很密，故要仔细刮除。原则上，要趁新鲜食用，万一需要放在冰箱中保存时，必须在清洗和处理后，装入保鲜袋内，放在冷冻库保存。

鲈鱼变化菜肴

苦瓜鲈鱼汤、清蒸鲈鱼、葱油鲈鱼、鲈鱼汤、豆瓣鲜鲈鱼、豆酥鲈鱼、冬瓜破布子蒸鲈鱼、泰式柠檬鲈鱼。

鲈鱼营养功效

鲈鱼中以维生素A、B族维生素和铁比较丰富，在初夏的盛产季节时，维生素A和维生素D的含量更加丰富。维生素A可以促进黏膜的健康，保护视力，还可以预防呼吸道感染，避免感冒；B族维生素有助于促进所摄取的各种营养的消化和代谢，增加体力；鱼皮含有较多的维生素D和有助于预防贫血的铁质。维生素D不仅可以促进钙质的吸收，还有助于缓和压力，稳定情绪。

红烧鱼

材料

鲈鱼1条（约700克），香菇2朵，冬笋50克，葱3根，姜30克，大蒜4瓣，红辣椒1个。

调味料

A料：盐、米酒各1大匙，淀粉3大匙。

B料：米酒、白糖各1大匙，酱油3大匙，水2杯。

做法

1. 刮除鲈鱼鳞片，洗净，沥干水分，两面鱼身各轻划3刀，放入盘中均匀抹上A料，腌约10分钟。冬笋去皮切片；香菇泡软，对半切开；葱切段；姜、大蒜、红辣椒均切片。

2. 锅中倒入4大匙油烧热，放入鲈鱼以小火煎至两面呈金黄色，起锅，沥干油分。

3. 锅中倒入1大匙油烧热，爆香葱、姜、大蒜、红辣椒，放入香菇、冬笋炒熟，加入鲈鱼、B料，以大火煮开，改小火煮10分钟即可。

COOKING POINT!

去除鲈鱼腹部的白膜可避免苦味

鲈鱼腹部的白色内膜带有一点苦味，所以烹调前一定要处理干净。鲈鱼最常见的烹调方式是清蒸或煮汤，新鲜的鲈鱼可以生吃，也可以醋腌、红烧、烧烤，尤其手术过后最适宜喝鲈鱼汤，因为鲈鱼含丰富的维生素A、维生素D，有补血、长肉、促进伤口愈合的功效。

 ## 活用技法：烧

食材入锅后，加入水及调味品，先用大火烧开，再用小火烧煮入味，改为中、大火收干汤汁，就叫做"烧"。"烧"可分为红烧、白烧、酱烧、干烧四种。"红烧"最常用的是酱油、糖，做出来的汤汁浓稠有味；"白烧"和红烧不同点就是不加糖及有颜色的调味料；"酱烧"是先把甜面酱、豆瓣酱、西红柿酱煸炒，再加上其他调味品及适量高汤，接着放入炸过的原料烧煮入味；"干烧"适用于质老筋多、鲜味不足或质地鲜嫩的原料。

如何去除带鱼的腥味?

1. 鱼类常使用盐腌的方法来去除腥味,在清洗时可以用盐水代替清水,鱼身清洗干净之后再用盐腌,去腥的效果会更好。
2. 干煎前不要太早抹盐,以免鱼的鲜美成分流失,影响口感,在烹调前30分钟前抹盐即可。
3. 除了带鱼外,适合干煎的鱼还有沙丁鱼、四破鱼、虱目鱼、青花鱼、秋刀鱼、带鱼、金线鱼、鲈鱼、非洲鲫鱼、黄鱼、鳕鱼、三文鱼。

 试菜时间

煎带鱼

材料

带鱼300克,姜30克。

调味料

A料:盐1/2小匙,胡椒粉1/4小匙。

B料:面粉2大匙。

做法

1. 姜洗净,去皮,切丝。
2. 带鱼洗净,切段,放入盘中加入A料拌匀并腌15分钟。
3. 取出后两面均匀沾裹B料。
4. 锅中倒入2大匙油烧热,爆香姜丝,放入带鱼以小火煎至7分熟,改大火煎至两面呈金黄色即可。

COOKING POINT!

煎带鱼可淋米酒及柠檬汁

带鱼的脂肪较多,油煎或盐烤味道会更鲜美。在烹调过程中可以加入适量的米酒,能够去除腥味并增加香气。干煎、盐烤带鱼时,淋一点柠檬汁,不仅可以增加美味,柠檬的维他命C还可以使摄取的营养更均衡。

干煎时多放油

煎带鱼时,锅内多放些油,可以使鱼肉保持完整,翻面再煎第二面时将锅内部分的油倒出,可减少鱼腥味;另外煎带鱼之前,鱼身一定要擦干,再在上面抹上一层薄薄的面粉,这样鱼皮不仅不沾锅,还会很酥脆。

怎样煎味噌鱼不会煎到焦黄?

A

1. 在腌渍味噌鱼的过程中，会有酱料附着在鱼片上，沾满味噌酱料的鱼片下锅油煎时，锅一加热鱼皮就会容易烧焦，而鱼肉中间却还没煎熟，所以味噌鱼下锅前要先用厨房纸巾把外皮的味噌酱料拭净，因为味噌鱼片腌制的时间很充分，早使味噌入味了，即使外皮擦拭干净的鱼片味噌香味依旧浓纯，如此就不会煎到鱼皮焦了。

2. 煎鱼片时用小火慢煎，煎出的鱼片就会外酥内软。

 试菜时间

煎味噌鱼

材料

旗鱼2片，柠檬1/2个，姜10克。

调味料

味噌5大匙，糖、米酒各2大匙。

做法

1. 姜去皮，切末，放入碗中加入调味料调匀做成腌料；旗鱼洗净，沥干，均匀抹上腌料，放入保鲜盒中，移入冰箱冷藏2天使其入味。

2. 将腌至入味的旗鱼取出，以水冲去表面的腌料，沥干。

3. 锅中倒入3大匙油烧热，放入旗鱼，以中小火煎至两面金黄后盛入盘中，挤上柠檬汁即可。

COOKING POINT!

味噌鱼的腌渍方法

　　准备一碗味噌、半碗米酒、一大匙糖，放入密封袋中调匀，将切好的鱼片（鱼片不宜切得过厚，这样烹调时才容易熟）装入袋内，放在冷藏室的保鲜室中腌上两天。可以一次多做些，等腌入味后擦掉鱼片上的味噌酱，再一片一片用塑料袋分装好，放进冷冻库，烹煮前一天，把味噌鱼片移到冷藏室解冻；烹调前，将鱼片取出擦干，或烤或煎都行。

做糖醋鱼要选什么鱼？

A 做糖醋鱼最重要的是要选对鱼，最好选择外观看起来圆鼓鼓的、肥厚多肉的，这样的鱼耐煎耐煮，不会一入油锅煎炸就变得干瘪。黄鱼、草鱼、鲤鱼等肉质肥厚且富弹性，比较适合做糖醋鱼，而肉质太软、一煎就碎散的鳕鱼，则不适合。

试菜时间　松子黄鱼

材料

黄鱼1条（为400克），青椒1／2个，松子、胡萝卜各75克，葱1根。

调味料

A料：米酒、盐各1小匙。

B料：面粉200克。

C料：糖、西红柿酱各1大匙，水1／2杯。

做法

1. 松子洗净，以糖水煮5分钟，捞起，沥干后放入油锅中炸至金黄色，捞出，沥干油分备用；青椒、胡萝卜切片，葱切菱片。

2. 黄鱼洗净，切十字花纹，加入A料抹匀腌5分钟，取出，均匀沾裹B料，以中大火炸熟，捞出，沥干油分。

3. 锅中倒入2大匙油烧热，放入葱爆香，加入青椒、胡萝卜及C料，以中小火煮至汤汁剩下一半，均匀淋在鱼身上，撒上松子即可。

COOKING POINT!

鱼肉切十字花纹更入味

鱼肉切十字花纹是为了烹煮时入味，所以不要切的太深，以免酥炸时鱼身容易断裂，沾裹面粉时，最好先将面粉过筛，避免面粉有结块，再在鱼表面喷一些水，可以使粉料更紧密附着在鱼身上。

松子以糖水煮过中感更好

新鲜的松子口感较软，香气也不浓，在烹调前一定要先处理，以糖水煮过可以增加甜度与脆度，会比直接炸更香，口感更酥脆。

蒸鱼时如何保持鱼肉鲜嫩?

1. 蒸鱼前一定要先把水煮开，冒出热气后才可再将鱼放入蒸锅，以大火蒸6~8分钟，再转中火以避免加热过急，造成鱼肉迸裂不美观。

2. 蒸的过程不可以把锅盖掀开，否则蒸气外散，会降低蒸锅内的温度，使得鱼不容易蒸熟。

3. 蒸鱼时，底部垫上筷子，加速蒸锅内的空气对流，可保持鱼肉鲜嫩，或在鱼和盘子中间铺上2~3根葱，不仅可以缩短蒸鱼时间，同时也能去除鱼腥味。

4. 电锅蒸鱼时，外锅加水量以1／2~1杯为限；用蒸锅时，蒸鱼时间宜控制10分钟内要取出。

 试菜时间

清蒸鲳鱼

材料

鲳鱼1条（约700克），葱2根，姜40克，红辣椒1根。

调味料

A料：盐1小匙。

B料：白胡椒粉1小匙，米酒2小匙。

C料：酱油1小匙。

做法

1. 姜洗净，切片；鲳鱼切开腹部，去除鳃及内脏，冲水洗净。

2. 用刀在鱼身两面轻划2刀，两面均匀抹上A料，放入盘中，加入姜片以及B料腌30分钟。

3. 鲳鱼移入蒸锅中蒸熟，取出，倒掉多余汤汁。

4. 葱洗净，切丝；红辣椒去蒂，洗净，切丝，铺入盘中，淋上C料；锅中放入2大匙油烧热，淋入盘中即可。

COOKING POINT!

白肉鱼最适合清蒸

黄鱼、鲈鱼、鳟鱼、鳕鱼、石斑鱼、黄鳍鲷、白鲳等肉质细嫩鲜美，口感清淡的白身鱼最适合清蒸。

如何利用啤酒让食物更美味？

A 腥味较重的鱼类、螃蟹，或是鸡肉、冷冻过的肉或排骨，可用啤酒腌渍 10～15分钟，然后以清水冲洗，再下锅烹调，可去除腥味。

试菜时间

啤酒茄汁虾

材料

明虾500克，淀粉1／2杯，葱1根。

调味料

A料：糖2.5大匙，盐1小匙。

B料：西红柿酱1杯，清水1／2杯，啤酒1杯。

做法

1. 葱去长须，洗净，切段备用。

2. 明虾剪去须脚和尾巴，从中间剖成两半，均匀 裹上淀粉，放入热油锅中炸至金黄色，捞出， 沥干油分备用。

3. 锅中留1大匙油，烧热，放入葱段炒香，倒入 明虾略炒，依序加入A料及B料，待汤汁收干 即可。

COOKING POINT!

看头部选明虾

选择明虾时要注意肉质是否有弹性，同时由于虾会从头部开始变质，所以若是头部和 身体分离，代表虾已不够新鲜。

鱼片如何炒才不会散开？

A

1. 热炒的鱼片，最好选择肉质紧密、纤维较长的鱼类（例如草鱼）切成片状，这类鱼片较不易被炒到碎散。

2. 切鱼肉时要顺着纹路切，但不能切得太薄。将鱼肉切成约0.5厘米厚的片状后，加腌料抓拌一下，放入热油中快速过油，待肉色变白时立刻盛起，这样鱼肉便已定型，然后另起油锅把其他配料略炒一下，再加入过油定型好的鱼片一同炒熟即可，这样做出的鱼肉片就不会碎散。

 试菜时间

碧绿鱼片

材料

鲷鱼肉150克，绿竹笋60克，上海青20克，香菇6朵，胡萝卜20克。

调味料

A料：盐、蛋白均适量。

B料：盐、鲜鸡粉各1／4大匙，米酒1／2大匙，麻油1小匙。

C料：淀粉2小匙。

做法

1. 鲷鱼肉洗净，切片，以A料腌卷；胡萝卜洗净，切片；香菇去蒂，泡软；绿竹笋去皮、洗净，均切片；上海青洗净，放入滚水中烫熟，捞出，沥干水分。

2. 锅中倒入1杯油烧热，放入鲷鱼片烫至变色即盛出，沥油；锅中留1大匙油继续加热，放入香菇、胡萝卜、绿竹笋略炒，加入鲷鱼片、上海青及B料炒熟，最后以C料勾芡即可。

COOKING POINT!

用盐及蛋白腌拌鱼片

　　鱼片在加腌料抓拌时，最好用盐和蛋白腌拌，千万不要使用酱油和全蛋，以免热炒鱼肉时变色，影响美观；另外，快炒鱼片常用到勾芡，其作用就是使菜汁变稠，沾附在鱼片上，让鱼片吃起来更有味道。

Q 如何煮出无腥味的鱼汤？

1. 煮鱼汤时，要选新鲜的鱼。
2. 一定要等水滚开，再把鱼放进去，沸水会使鱼表面的蛋白质快速凝固，不仅可以保住鱼的鲜味，鱼腥味也会因遇热而挥发。鱼汤烧开后要改小火，最好不要加盖，并随时观察火候，以免汤汁变浊。
3. 将鱼在稀释的柠檬汁中稍浸泡，再用清水冲净，也可去除鱼腥味。
4. 鱼煎过再煮汤也可以去除腥味，但不能煎太久以免鱼肉变老影响风味。

 试菜时间

萝卜鲈鱼汤

材料

鲈鱼1条（约500克），白萝卜1个，老姜4片，葱末1大匙，香菜适量，清水4杯 。

调味料

盐1／2小匙，米酒1大匙。

做法

1. 鲈鱼洗净，去除内脏，擦干水分；白萝卜去皮，洗净，切成粗条。
2. 炒锅中放入2大匙油，加姜片爆香，放入鲈鱼，煎至两面微黄后盛出。
3. 汤锅中放入略煎过的鲈鱼及白萝卜，加适量清水，以小火焖煮约2小时后开盖，加入调味料，待滚后即可熄火，起锅前撒入葱末及香菜即成。

COOKING POINT!

煮鱼汤加白萝卜汤头更甘甜

煮鱼汤时加白萝卜，汤头会变得十分甘甜有味，但是一定要在冷水时，就把白萝卜一同与鱼放进去同煮，这样鱼的鲜味就可以保住，然后用中小火慢煮，在鱼汤将熟之际，再加入葱、姜、盐和少许酒，这样煮出来的鱼汤便会鲜美甘甜。要注意盐不可早放，否则会使鱼肉变硬。

小鱼豆干如何炒才会香脆?

A
1. 先将小鱼干泡水、洗净、沥干水分后再煸炒,最后加上豆干一同拌炒。
2. 豆干最好选大方干,因为它的质地柔软而较易入味。烹调前先将豆干切成薄片或细丝,稍炸一下再拌入炒好的小鱼干。

豉椒鱼干豆丁

材料

小鱼干75克,五香豆干75克,红辣椒2个,豆豉1大匙,大蒜1瓣。

调味料

酱油1小匙,糖2小匙,清水1/3杯,香油、胡椒粉各少许。

做法

1. 小鱼干以1大匙沸油、小火,炸至酥脆,捞起,沥干。

2. 五香豆干洗净,切成丁;豆豉泡水,沥干;红辣椒洗净,切细丝;大蒜去皮,切成细末。

3. 锅内放1大匙油烧热,先爆香辣椒丝、蒜末与豆豉,再依序放入豆干丁、所有调味料及小鱼干,拌炒均匀即可。

COOKING POINT!

选用2厘米左右的小鱼干

市售小鱼干种类繁多,只有长度2厘米左右,外型干黑的小鱼干才适合做豉椒鱼干豆丁。至于有一种长度如小指、中间有道白线的小鱼干,则比较适合加酱油以及米酒和糖焖煮,做成日式的小菜。

不加盐加辣椒风味佳

小鱼干本身已有咸味,因此烹调时不必再加盐。如怕辣椒太辣,可以在处理红辣椒时,事先刮除辣椒籽或是选择较大的辣椒,若是喜欢吃辣,则可选择鸡心辣椒等较小的辣椒。

Q 如何炒出脆滑的虾仁？

1. 把虾仁洗净后，用干净的纱布或厨房纸巾包住，充分吸干水分。

2. 在炒前放进冰箱冷藏约20分钟，然后取出快炒。

3. 如果担心虾仁遇热体积会缩小，可沾蛋白和淀粉，这样较不会出水，且烹调时能保持清脆。

4. 虾仁属于易熟的食物，烹调时必须等油热之后才能下锅，炒到颜色一变就要马上盛起。

5. 怕虾仁有腥味，可加一点米酒和料酒腌拌一下，腌拌时要擦干水分，这样腌料才会入味。

INFORMATION NOTES

虾仁变化菜肴

什锦虾仁、玉米粒虾仁、西红柿虾仁、鸡茸虾仁、茄汁虾仁。

芦虾挑选要诀

挑芦虾时要选肉质结实，头部和身体完整，头部没有变黑，且无异味者。处理时可将头部的根须剪除；若要做虾仁菜，则要将泥肠剔除，剥下虾头。剥下的虾头不浪费，可洗净后炒熟，然后切碎混合奶油，放入沸水中滚煮，捞掉浮油，沥去虾头，就成了一锅美味的虾子高汤。

芦虾营养功效

芦虾是市场常见虾之一，含有维生素A、维生素E、B族维生素和维生素C，有助于增加免疫力、延缓细胞因氧化而产生的老化，减轻疲劳，使人更富有耐力，同时还能保护肺脏，降低胆固醇，减少静脉中血栓的形成。芦虾中钾的含量特别高，钾可降低血压，缓解精神和肉体的紧张，从而有助于将体内多余的钠排出体外，消除浮肿。要注意有过敏体质者不宜多食芦虾，以免长疹子。

试菜时间

虾仁炒蛋

材料

鸡蛋8个，明虾200克。

调味料

A料：蛋白1／2个，淀粉1小匙，酒1小匙。

B料：盐1／2小匙。

做法

1. 明虾去肠泥，洗净，沥干，加入A料拌匀。
2. 锅中倒入1大匙油烧热，放入虾仁低温油炸。
3. 蛋打散，放入B料拌匀。
4. 锅中倒入3大匙油烧热，放入蛋液，加入炸好的虾仁拌炒，炒熟即可。

COOKING POINT!

打蛋时要慢要轻

　　打蛋时要慢慢搅拌，如果太用力，蛋汁起泡会失去原有的弹性。蛋汁倒入锅中，不要太急着搅动，若蛋汁起泡，要先将气泡戳破，除去蛋泡里的空气，否则蛋会变硬，这样炒出来的蛋方会滑嫩细致。将蛋轻轻打散后加点白糖，也可炒出松软可口的炒蛋。

活用技法：炒

　　炒是一般家庭中应用最广泛的烹调技法，以大火快速用锅铲翻拌锅中的食材，可以保留食材的鲜味与原汁，花费的时间较短，过程也不会复杂。掌握的诀窍在于先将材料处理成相同的大小和形状，最常见的切法是丁、丝、条、片等，如此快速翻炒的过程可使所有的材料都均匀受热，达到相同的熟度，吃起来口感才会一致。

Q 如何炸出香酥有弹性的虾球？

1. 虾仁放入由蛋白、糯米粉、面粉搅拌而成的面糊中拌匀。
2. 油量要足够。
3. 炸虾球最易焦黑的原因是油温控制不好，在一般人的观念里，油炸一定要用大火高温，这是错误的。其实油炸好吃的口感来自于外酥内嫩，所以炸的过程中一定要分两段火力，虾球要先用小火炸至金黄，再转大火酥炸，立即捞出沥干，这样炸出的虾球口感就会酥脆可口。

草虾营养功效

　　草虾的蛋白质比其他虾类食品更高，谷氨酸、牛磺酸等胺基酸成分使草虾吃起来特别甜，牛磺酸有降低血液中的胆固醇，减少中性脂肪，维持正常的血压的功效，有助于预防糖尿病等成人常见的疾病。同时还能强化肝脏功能，增强肝脏的排毒作用，以及促进小肠的蠕动，消除便秘。

虾变化菜肴

　　宫保虾球、芝麻虾球、百合虾球、荔枝虾球、豉汁虾球、蒸虾球、猕猴桃虾球、芦笋虾球、什锦虾球、XO酱虾球、辣酱虾球、糖醋虾球。

各式虾料理的小秘诀：

· 做白灼虾时：在开水里放几片柠檬，可以去腥味，也能让虾肉更鲜美。
· 做蒜蓉虾或奶酪虾时：应该从虾背上将壳剪开，但不要去壳，这样会更易入味。
· 煮龙虾下锅时要用大火：煮虾若用小火，虾肉容易过熟、不好吃。
· 在处理体型较大虾时：可在腹部切一刀，这样炒时会熟得比较快，也比较容易入味。
· 炸虾时：要油热、火大、时间短、再回锅炒时动作迅速，才不会让虾的肉质变老。

 试菜时间

菠萝虾球

材料

草虾12只（约250克），罐头菠萝片3片，沙拉酱少许。

调味料

A料：淀粉、面粉各2大匙。

B料：胡椒盐、西红柿酱各1小匙。

做法

1. 草虾去壳及肠泥，在虾背上划一刀，洗净，放入碗中加A料及少许水搅拌均匀，用手捏成圆球状；罐头菠萝片取出，切小块。

2. 锅中倒3大匙油烧热，放入虾球，以小火炸至金黄色，捞出，沥干，盛在盘中，加入菠萝即可，食用时淋上沙拉酱，或沾B料均可。

COOKING POINT!

炸好虾球及时沥干油分才不会腻口

刚炸出来的虾球口感香嫩，但冷却时容易吸油，因此捞起后务必充分沥干油分，或者用厨房纸巾吸取过多油脂，这样才能避免太过油腻。

 草虾挑选要诀

要挑选虾身完整，肉质紧实，虾壳富有光泽，全身富有透明感者。去肠泥时，可用牙签从虾背处挑出。

 活用技法：炸海鲜

面粉糊常用于炸鱼、虾，在调制时，可先在冷水中加入少许盐，再放入已经过筛处理的面粉，这样可避免形成面粉块，能使面粉糊更易搅拌。

Q 盐酥虾如何炒至酥脆且入味？

A
1. 盐酥虾要先爆再炒，拌炒的速度要快，这样才能保住虾肉的精华美味。
2. 烹调时锅中得多放点油，待油烧热后，再把虾子入锅爆炒，快速爆炒后立刻捞起。
3. 充分沥油，以免虾壳吸油过多，口感不够酥脆。
4. 虾子爆过再炒时，锅中只要剩1大匙油，爆香葱、姜等辛香料后，才放入虾子，用大火快炒至入味即可。

 试菜时间

盐酥虾

材料
草虾500克，姜10克，葱2根，大蒜3瓣，红辣椒2个。

调味料
白胡椒粉2小匙，盐1小匙。

做法
1. 草虾洗净，沥干水分，挑去肠泥。
2. 葱、红辣椒均洗净；大蒜去皮，切末；姜洗净，切末。
3. 锅中倒入2大匙油烧热，放入草虾炒至呈红色，盛出。
4. 锅中留下1大匙油加热，放入葱、姜、大蒜及红辣椒爆香。
5. 加入草虾以大火炒熟，最后加入调味料炒匀即可。

COOKING POINT!

虾先洗净再去壳及肠泥

　　虾洗好后再剥虾壳及去沙肠，可以保持虾身及虾黄的完整性，这样才不会失去虾的营养鲜味和桔红色泽；在虾炒红的时候可淋一点米酒增加香气；除了草虾外，白芦虾与明虾也很适合做这道菜。

怎样炸出形态完好的牡蛎？

1. 刚买回来的牡蛎先用一盆稀盐水清洗干净后，再用开水烫淋一遍，并用厚纸巾拭干，充分去除水分，可避免油炸时爆油。
2. 把牡蛎放入地瓜粉中充分沾裹粉粒。
3. 油温超过180℃便可下锅油炸牡蛎。
4. 待牡蛎粒出油面且呈表面金黄色即可捞出。

炸牡蛎酥

材料

鲜牡蛎300克，地瓜粉1／2杯，罗勒适量。

调味料

胡椒粉1／4小匙，盐1／2小匙。

做法

1. 罗勒洗净，去老茎；牡蛎洗净，去除小壳，用水冲至摸起来没有粘性，充分沥干水分，然后均匀沾裹地瓜粉。
2. 锅中倒入3杯油烧热至180℃，放入鲜牡蛎快速炸约1分钟，至表面呈金黄酥脆，即可捞出，沥油，放入盘中。
3. 油锅中放入罗勒以大火炸至酥脆，立即捞出，沥干油分，放在炸好的牡蛎上即可。

COOKING POINT!

餐盘铺纸巾可维持牡蛎酥脆

起锅的牡蛎，在摆盘前可先在盘中先铺上纸巾，再倒入酥炸好的牡蛎，可避免牡蛎吸油，而且就算久放也比较不容易软烂。

Q 如何加快贝类吐沙的速度？

A
1. 淡水贝类，如蚬，要用自来水吐沙，若沙子很多，要每小时换一次水，连换2～3次。
2. 海水贝类，如蛤蜊、文蛤，要用盐水吐沙，盐与水的比例大约是1升水加入20克盐，并放入1根铁汤匙，这样可加快吐沙的速度，吐沙时间仅需约2小时。

 试菜时间

凉拌蚬

材料
蚬600克，大蒜3瓣，红辣椒1个。

调味料
酱油3大匙，米酒、糖各1大匙。

做法
1. 蚬泡水吐沙，洗净；红辣椒去蒂，洗净，切丁；大蒜去皮，切末。
2. 锅中倒入半锅水，放入蚬以小火煮至蚬壳微张，捞出，盛入大碗中，加入红辣椒丁、大蒜末、调味料及1大匙冷开水搅拌均匀，浸泡1小时后捞出即可。

COOKING POINT!

蚬水煮后仍不开壳表示不新鲜

经滚水烫煮仍不开壳的蚬，通常不太新鲜，应避免食用；不习惯蚬特有的腥味者，烹调时可以多加一点米酒；未去壳的蚬入味比较难，因此加热时要盖上锅盖略焖烧一下，可以加速蚬肉吸收汤汁。

如何炒出鲜嫩不过老的蛤肉？

A
1. 大火快炒是炒蛤蜊肉质鲜嫩好吃的秘诀。
2. 只要蛤蜊壳打开了，就可以马上熄火。
3. 大火翻炒后马上盖上锅盖，稍微焖一下也可让蛤蜊壳比较容易开。
4. 加些许米酒提味，可避免蛤肉缩小及有腥味。

 **生炒蛤蜊**

材料

蛤蜊200克，罗勒50克，大蒜3瓣，姜2片，红辣椒2个。

调味料

酱油膏3大匙，米酒1大匙，糖1／2小匙，盐1小匙。

做法

1. 红辣椒洗净，切片；大蒜去皮，切末；罗勒摘下嫩叶，洗净。
2. 蛤蜊放入盐水中浸泡吐沙，捞出冲净，沥干。
3. 锅中倒入2大匙油烧热，爆香蒜末、姜、红辣椒；放入蛤蜊炒至壳开，加入调味料炒匀，再加入罗勒炒香即可。

COOKING POINT!

蛤蜊互敲有清脆声才新鲜

　　要选择手感沉重，外壳富有光泽，没有开口者为佳，挑选时可将蛤蜊相互撞击，如果发出清脆的声音，表示新鲜。挑选蛤蜊时还要注意，体积太大的蛤蜊反而会少了鲜味。

如何处理鱿鱼等头足类海鲜?

1. 新鲜的墨鱼、鱿鱼等头足类海鲜，切片前要先用盐或醋抓拌一下，搓去黏液。
2. 再用清水清洗干净，去除外皮的膜后，内面划出交叉刀纹。
3. 用沸水烫过立即捞出放入冰水中，可充分保持头足类海鲜肉质的脆度，烹调中也较易入味。
4. 若选择干鱿鱼，在烹饪前需先泡水。取一盆水，水深需能淹过鱿鱼，水煮沸后熄火，加入1小块碱块（约1／4块），待碱块溶解，加入鱿鱼浸泡一夜（约12小时），取出后用水冲洗干净即可利用。

INFORMATION NOTES

鱿鱼挑选要诀

挑选新鲜鱿鱼，以身体颜色愈深、富有光泽者佳，买回后清洗的时候先揪下鱿鱼脑袋会连同内脏一起拉出，再去除内脏、眼睛和吸盘，最后剥去外皮；干品则以体表有白粉者为佳，将鱿鱼干放入碱水中浸泡4小时，再放在清水中浸泡1小时即可进行烹煮。

鱿鱼变化菜肴

新鲜的鱿鱼可盐烤、凉拌；干鱿鱼较适合碳烤；水发鱿鱼在烹调前需先泡水，使其重新吸收水分，以去除杂质及异味，再红绕、油爆或香炒皆可；鱿鱼肉遇热会急速紧缩，如能立即捞出再泡入冰水中，可充分保持鱿鱼的脆度。

鱿鱼营养功效

鱿鱼中所含的牛磺酸，有助于降低血压，降低血液中的胆固醇，预防心血管疾病等成人病，增强肝脏功能，可解毒，预防宿醉，对神经系统也有积极的作用。新鲜鱿鱼中的蛋白质虽然比鱼类少，但这些良性蛋白质容易被人体消化吸收，而且，所含的脂肪较低，是适合减肥者和中老年者食用的低热量、高蛋白食品。干鱿鱼盐分很高，如摄取过量，容易导致血压上升和浮肿，不可过量食用。

 试菜时间

客家小炒

材料

五花肉、干鱿鱼各75克，葱2根，大蒜1瓣，虾米38克。

调味料

黄豆酱、酱油各1小匙，米酒、糖、香油、鲜鸡精各1／2小匙。

做法

1. 葱洗净，切小段；大蒜去皮，切片。

2. 五花肉、干鱿鱼洗净，泡软，切小段；虾米洗净，泡软。

3. 锅内放油2大匙，烧热，将五花肉、干鱿鱼入油锅炸香，捞起，沥油。

4. 将锅内油倒出，留下1小匙热油爆香虾米、蒜片，再放入葱段及五花肉、干鱿鱼与所有调味料拌炒均匀即可。

COOKING POINT!

炒鱿鱼油温在100~120℃为宜

炒鱿鱼的油温不宜过高，100～120℃为宜，一般手放在油锅上方能感觉到热度即可。油温太高会使鱿鱼炒到过于干硬，口感不佳。而鱿鱼的切花要在内侧切，不可在反面切花，否则炒熟后无法卷起；炒前先将鱿鱼放入热水中氽烫，有助于去除腥味及缩短热炒时间。

 ## 活用技法：发泡

干鱿鱼发泡技巧

1. 油发法：每500克干鱿鱼加10毫升香油、少许碱块，一起放入盖过食材的水中，泡到鱿鱼发涨肉软即可。

2. 碱发法：将1000毫升冷水加上50克碱块一起搅拌均匀，干鱿鱼先放在冷水中浸泡3小时捞出，再放入搅拌好的碱水中浸泡3小时，这样反复浸泡到鱿鱼肉质软化即可，再把鱿鱼放到冷水中反复漂洗至没有碱味即可入菜。

Q 海蜇皮脆又爽口的方法?

A 1. 先将海蜇皮先泡在盐水里略为掏洗,再放进洗米水中仔细清洗,就可以把沙粒清洗干净。

2. 再将海蜇皮放入清水中浸泡一天以上并沥干水分,最后放入70℃的水温中氽烫一下,捞出后立即放入冰水中快速冷却。切忌用沸水氽烫,以免海蜇皮被烫得卷曲过老。

 试菜时间 ## 凉拌海蜇皮

材料

海蜇皮300克,红辣椒1个,胡萝卜、小黄瓜各50克,大蒜3瓣。

调味料

A料: 盐1小匙。

B料: 酱油、糖各1大匙,白醋1／2大匙,麻油2大匙。

做法

1. 红辣椒去蒂,洗净,切丝;大蒜去皮,切末;胡萝卜去皮,和小黄瓜均洗净、切丝,放入碗中加入A料抓拌,再用冷开水洗净,沥干水分。

2. 海蜇皮洗净,放入碗中泡水1小时,捞出切细丝,再放入沸水中氽烫,立即捞出,浸入冷开水中过凉,再捞起,沥干水分,盛入盘中,加入胡萝卜、小黄瓜丝及B料拌匀,再撒上蒜末及红辣椒丝即可。

COOKING POINT!

处理海蜇皮要重复清洗、浸泡

海蜇皮咸味较重,烹饪前要用清水充分洗净盐分,再放入碗中浸泡,多换几次清水,才会清脆有嚼劲。海蜇通常用来凉拌、醋拌,也可以快炒,快炒前还是要过水氽烫,以去除盐分,海蜇加热后会变硬,故快炒时只要在起锅前拌炒一下即可盛出。海蜇中的钠含量偏高,高血压患者不可过多摄取。

如何炸出外皮金黄的鱼排？

1. 油炸菜肴常见的失败，就是颜色焦黑或外皮熟里馅尚未完全炸透，原因都在于油温过低，正确的做法是要等油炸的食物完全解冻再沾上面糊下锅油炸，避免降低锅内油温。
2. 要做大量的油炸食物时，要分批将食物投入油锅，这样才能维持稳定的油温，炸出外皮金黄内馅熟透的油炸食物。

酥炸鱼排

材料

鲷鱼180克。

腌料

淀粉2大匙，鲜鸡精、糖各1小匙，胡椒粉、盐各1／2小匙，米酒、香油、水各5毫升，蛋白1个。

调味料

A料：酥脆粉100克，水110毫升。

B料：胡椒粉1／4小匙，盐1／2小匙。

做法

1. 鲷鱼洗净，沥干水分，切成厚片，加入拌匀的腌料，腌制10分钟至入味，取出。
2. 腌好的鱼片均匀沾裹搅拌均匀的A料，备用。
3. 锅中倒入3杯油烧热至150℃，放入鲷鱼片油炸约3分钟，至表面金黄酥脆，捞出，沥油，食用时撒上拌匀的B料即可。

COOKING POINT!

炸鱼排不败密笈

　　油炸鲷鱼片的时间与鱼片厚薄有关，鱼片若切得较厚，需较长的油炸时间，若切得较薄，油炸时间即可缩短。

油炸食物油量要足够

　　油炸食物的油量要足够，以能淹盖过食物为宜，先用大火定型，再转小火慢炸，如果油温偏高，可以先将食物捞起，等油温稍微下降后再放回食物油炸。

Q 如何烤鱼才不会沾粘烤盘？

A

1. 明炉烤就是将材料切成小片或小块并腌渍入味，放在铁架上，置于敞口式的炉火上烤，由于火力较分散，原料不易快速烤匀，需要较长时间才能将食材烤熟，所以在烤食物时，可以在网子上涂上醋或色拉油，避免食物在翻面时沾粘网子。

2. 烤鱼类菜肴时可以铺上一层铝箔纸，并将铝箔纸四边折起来，避免肉汁流出，让网子保持干净；切些洋葱丝或葱丝垫在锡箔纸上也可预防烤物沾粘，还能增加香味。

 试菜时间

烤味噌小黄鱼

材料

小黄鱼3条。

调味料

盐、味噌烧烤酱各适量。

做法

1. 新鲜小黄鱼洗净。
2. 小黄鱼直接放在洗净的烤网上，移入烤炉，均匀抹上盐，烤至微黄，再刷上味噌烧烤酱，继续烧烤至酱汁即将收干即可。

COOKING POINT!

最适合炭烤的鱼

　　小黄鱼、三文鱼、赤鱼宗、扇贝、柳叶鱼、虾都适合烤食，尤其盛产季节的秋刀鱼与香鱼脂肪含量丰富，烤食的口感特别好，但为了避免鲜味流失，要避免太早抹盐。

烤香鱼的诀窍

　　味噌的味道浓厚，十分适合用来烧烤腥味较重的鱼肉，如果购买的是新鲜香鱼，烧烤时再涂抹酱料即可，若买的是冷冻的香鱼，则要等鱼肉解冻之后才能烧烤，这样烤出来的鱼肉才不会碎散，同时还可先以味噌腌制一下，不但更容易入味，还可消除鱼腥味。

Part 2 猪肉类

Pork

[图解猪的食用部位]

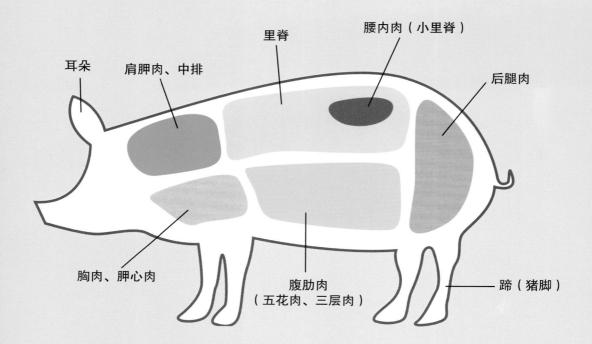

里脊

腰内肉（小里脊）

耳朵

肩胛肉、中排

后腿肉

胸肉、胛心肉

腹肋肉
（五花肉、三层肉）

蹄（猪脚）

COOKING POINT!

猪肉各部位适合的烹煮方式

耳朵： 卤、凉拌
肩胛肉、中排： 烤、炖、炒、煮汤
里脊： 烤、炸、蒸、煎、炒、炖
腰内肉： 猪肉中肉质最细嫩的部位，适合煎、炒、炸
后腿肉： 烧烤、火腿
胸肉、胛心肉： 白煮、红烧、红糟、炒、煎、烤、炸
腹胁肉： 炒、炖、卤、红烧
蹄： 红烧、白煮

[猪腰的清洗与处理]

1. 猪腰内侧中央有一个小洞，可以从这个小洞中灌入清水冲洗，用水将猪腰灌到慢慢膨胀起来。灌过水的猪腰，吃起来口感较脆。
2. 将猪腰平放，用菜刀对剖切半。
3. 将内部白白的一层白筋剔除干净。白筋若不剔除，猪腰容易有腥味。
4. 将猪腰放入干净的清水中，一边浸泡，一边将血水挤出并随时换水，反复多次直到挤不出血水为止，这样就能去除猪腰的腥味。

[猪腰如何切花]

1. 在外侧轻轻划上横纹。
2. 循着与花纹垂直的方向切片。

[猪脚毛的处理]

1. 如果猪脚毛不多，可以用夹子把猪毛夹除。
2. 如果猪脚毛太多，可以将猪脚夹至炉火上方，把猪毛烧掉。
3. 将用炉火烤过的猪脚泡在热水里，让猪皮的角质软化，接着用刀子把表面焦黑的地方轻轻刮除。

Q 五花肉如何卤才软嫩不油？

A
1. 五花肉要切厚一点，这样长时间卤制时肉才不会散开。
2. 先将整块肉酥炸，酥炸的过程，可以逼出过多的油脂，让肉更香。
3. 炸过的五花肉捞起沥干油后，以冷水冲洗5分钟，让肉块快速降温，如此肉块可吸收适量水分使肉质更为软嫩；不断反复冲洗数次，可使猪肉的组织立即收缩，这样煮出的五花肉便不会油腻而且吃起来爽口。

INFORMATION NOTES

五花肉挑选要诀

挑选五花肉，从外观来看，要肥瘦适当，也是就肥瘦的比例接近，瘦肉太多会干硬，太少则会油腻，肉色要鲜红明亮；按压肉质要富有弹性，猪皮表面要细致。

猪肉营养功效

猪肉中含有的维生素B$_1$居所有肉类之冠，有消除疲劳之功效；猪肉还含有丰富且品质优良的蛋白质，营养价值极高、容易吸收，特别适合儿童、手术前后病人或是缺铁性贫血患者。

五花肉变化菜肴

五花肉口感较滑嫩，味道也很香浓，适合长时间炖煮，红烧、粉蒸，一次烹调不完的五花肉，只要放入热水中，加点可帮助去腥的姜片及葱段煮熟，放凉后冷冻起来，便能随时切下一块取用，用作酱卤或白肉蘸酱吃，都很鲜甜。常见五花肉料理有红烧肉、扣肉、东坡肉、蒜泥白肉、封肉、回锅肉、粉蒸肉、台式炸肉、腐乳肉、椒盐五花肉、沙茶五花肉、萝卜炖五花肉、蒜苗炒五花肉、客家小炒等。

试菜时间

传统香菇卤肉

材料

五花肉600克，干香菇10朵，大蒜3瓣。

腌料

酱油适量。

卤料

酱油1／2杯，水2.5杯，冰糖2大匙。

做法

1. 五花肉洗净，切块，以酱油腌渍上色；香菇洗净，泡软；大蒜拍碎，切末。

2. 锅中放入2大匙油烧热，爆香五花肉至肉呈金黄色，取出。

3. 锅中继续以中火烧热，爆香蒜末和香菇至香气散出，加入五花肉及卤料以大火烧沸，再改小火炖煮约30分钟即可。

COOKING POINT!

辛香料先炸再卤香味佳

　　加入卤汁中的葱、姜、蒜等辛香料，最好炸过再卤，这样香味会持久浓郁，形体也不会因久煮而散烂；卤汁中加入少量红糖，可中和酱料的咸味，并使卤肉颜色红润有光泽，味道会更香醇；五花肉不可过瘦，卤之前先炸至金黄色，可以充分释出肥肉的油脂，使肉质更紧实，入中更酥香。

 活用技法：卤

　　烧煮卤的卤制时间较长，食材要切大块才比较耐卤，若数种材料同时卤制时，要分批进行，注意火候的控制，小火慢卤，才能卤出滋味醇厚、熟软香嫩的口感。

Q 如何炖出香嫩可口的台湾爌肉？

A
1. 将五花肉烫过再煎至表面呈金黄色，释出多余油脂后再加酱料熬煮。
2. 用小火熬煮至肉质软烂，卤制时一次卤一锅，比较恰当的分量是一锅约卤500克，分量太少，辛香料的量不好拿捏，容易导致香气太浓，反而吃不出爌肉的香味。

试菜时间 台湾爌 (kòng) 肉

材料
五花肉600克。

调味料
A料：草果、沙姜各10克，山奈5克，甘草、桂皮各15克，八角5克，丁香、桂皮、小茴香、花椒各适量。

B料：葱段、姜片各5克，拍碎大蒜5瓣，红曲米90克，鲜鸡精50克，高汤1200毫升，冰糖1200克，深色酱油5杯，绍兴酒3大匙。

做法
1. 五花肉洗净，切块，放入沸水中汆烫约5分钟，取出，放入锅中煎至两面金黄，捞出。
2. A料放入棉袋中绑紧做成卤包，放入锅中，加入五花肉及B料，以大火煮滚，转小火续炖煮约1小时即可。

COOKING POINT!

五花肉逆纹切才入味

五花肉切块时，要逆着肉纹切，卤汁才会快速的入味，猪皮上的毛一定要清除干净，再和辛香料下锅炖煮，火候要控制得宜，至少约需一个钟头以上才能使肉Q软口，卤好五花肉的卤汁，可以制作卤蛋和卤海带结，或卤制其他食材，就是爽口美味的卤味菜肴。

如何去除猪大肠的腥味？

1. 以温水清洗，不要用沸水，避免脏污粘在里面，接着倒入盐和啤酒。
2. 用手搓洗猪大肠外部，当水面出现泡沫时表示已经把脏污洗出来了，将污水倒掉。
3. 用筷子穿过大肠，将大肠里面往外翻，继续清洗里面。
4. 清洗好的大肠，以葱、姜、花椒一起氽烫，可以去除腥味。

试菜时间 ## 酸菜润大肠

材料

酸菜、桂竹笋各200克，猪大肠300克，蒜苗2根，葱1根，姜1片。

调味料

鸡精1大匙，油1大匙，胡椒粉1／2小匙，盐少许，糖1／2小匙。

做法

1. 大肠洗净，加入姜、葱氽烫过，取出切段；酸菜与桂竹笋切片；蒜苗切段。
2. 锅中加3杯水煮沸，加入猪肠、酸菜、桂竹笋煮30分钟，再加入调味料，起锅前加蒜苗段即可。

COOKING POINT!

看颜色挑选猪大肠

颜色乳白的猪大肠较新鲜，颜色变黑的大肠口感不好，吃起来会硬硬的，有黄色胆汁的猪大肠则会带有苦味，购买时最好选长30厘米左右，摸起来有点体温的猪大肠，口感会比较软嫩。

Q 如何炒出滑嫩不油的肉丝？

1. 选用里脊肉，刀切丝时要逆纹切。
2. 下锅前先腌渍：250克肉丝约加半碗水，注意水要在拌腌过程中慢慢分几次加入，这样水分会逐渐被肉吸收，需要腌10～20分钟。
3. 入锅时以温油烫至七分熟捞起，以保留住肉中的水分。

INFORMATION NOTES

猪肉挑选要诀

猪肉按切的部位，大致可分为里脊肉、腿肉、肩肉、五花肉四种。其中，后腿肉因为脂肪少，口感软嫩，常切成肉片或制成绞肉；而背脊部分脂肪较多，肉质柔嫩，常处理成切片大排、切块的小排骨及里脊肉片和肉丝等；至于五花肉则是由猪腹部位取下，油脂较多；其余的猪内脏食材，在烹饪中常被用来作为药膳食材，例如猪肝、猪脑等，一般被认为有"以形补形"的功效。

肉丝变化菜肴

腌渍过后的肉丝或肉片已相当入味，加入葱、蒜苗、胡萝卜等快炒一下，无须另加调味，味道就会很棒，开胃又下饭！

猪肉营养保健

猪肉在各种肉类中脂肪含量最高，吃多容易肥胖、使胆固醇增高，增加高血压、冠心病的发病机会，所以患动脉硬化、冠心病的人、老年人不宜多吃。

 **试菜时间** # 京酱肉丝

材料

猪里脊肉300克，葱3根，大蒜2瓣，红辣椒1个。

调味料

A料：米酒、酱油、淀粉各1小匙，盐1／2小匙，水1大匙。

B料：甜面酱2大匙，糖、米酒各1小匙。

做法

1. 猪里脊肉洗净，切细丝，加入A料腌10分钟；大蒜洗净，拍碎，去皮，切末；葱洗净，切细丝，铺在盘底；红辣椒洗净，切丝。

2. 锅中倒入2大匙色拉油烧热，放入猪肉丝略炒盛起。

3. 锅中留适量余油烧热，爆香蒜末、红辣椒丝，加入B料炒香，最后加上肉丝，拌炒至熟，盛在葱丝上即可。

COOKING POINT!

里脊肉先过油可避免肉质变老

　　里脊肉过油之目的在迅速封住肉汁，不让营养流失，并且避免肉质变得又老又硬；过油时油量要多，但火力不可太大，入锅后要以锅铲顺同一方向迅速搅散，不停搅拌，待肉色变白立即捞起，以便迅速封住肉汁，肉质口感才会嫩；油锅的温度一定要够高，否则肉类腌拌时所沾裹的粉料容易掉落，肉汁容易流失；与其他配料拌炒时，炒匀即可，以免肉质过老。

 活用技法：酱爆

　　京酱就是酱爆，关键在于甜面酱一定要先炒香。先在甜面酱里加入适量的水及糖，在小碗里面调匀，再放入锅中以中火拌炒，炒的时候火力不可太大，以免炒出来的酱料有焦苦味，最后加入主材料拌炒，甜面酱的黏稠性即可将食材完全包裹入味。

如何煮出熟嫩适中的白切肉?

1. 煮白切肉时,水一定要盖住猪肉,不能太少。
2. 火不可以太大,以中火煮约15分钟即可把火熄掉。
3. 肉留在锅内,利用余温继续焖熟,约5分钟后捞出。想要确定猪肉是否已经煮熟,可以在肉中插入一根筷子,如果抽出筷子时,猪肉不带血水,即表示肉已熟。

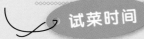

蒜泥白肉

材料
五花肉375克,香菜末10克。

调味料
蒜泥酱适量。

做法

1. 五花肉刮去表皮,洗净,放入锅中以沸水煮熟,捞起,沥干水分。
2. 将煮熟的肉切薄片状,整齐摆盘,淋上调味料,再撒上香菜末即可。

COOKING POINT!

煮五花肉时不加盖更能去腥

烹调五花肉时,锅中放入冷水后直接放入五花肉及辛香料一起煮沸,烫煮时不加锅盖更能去除猪肉的腥味。

蒜泥酱衬托猪肉清香

冷冻过的白切肉加热后,可搭配蒜泥酱或椒麻酱汁蘸食,大蒜调制而成的蒜泥酱具有辛、香、鲜味,能去除肉类腥味,并能衬托猪肉的清香美味。

如何去除猪肝的腥味？

1. 洗净、切片的猪肝可先浸泡在稀释的醋水或是牛奶中，烹饪前冲洗干净。
2. 用盐水冲洗，略为挤压，把血水挤出，放入用洋葱、大蒜、芹菜等煮沸的水中汆烫，再取出用冷水冲洗。
3. 将猪肝洗净擦干后切片，放入沸水中煮，等到白浊状的水变澄清时，就可以烹调了；或用大蒜、辣椒和酱油调制成的酱料，涂在洗净拭干后的猪肝上，也可以去除猪肝的腥味。

 试菜时间

小黄瓜猪肝

材料

猪肝300克，胡萝卜70克，小黄瓜2根，葱1根，姜10克。

调味料

A料：白醋2大匙。

B料：酱油2大匙，米酒1／2大匙，淀粉1大匙。

C料：盐1／2小匙，糖1／4小匙。

做法

1. 猪肝放入碗中，加入水及A料浸泡约5分钟，捞出；以清水冲净，擦干，切片；放入碗中，加入B料拌均匀，并腌制约5分钟。
2. 小黄瓜、姜均洗净、切片；胡萝卜去皮，洗净，切片；葱洗净，切片。
3. 锅中倒入2大匙油烧热，放入小黄瓜和胡萝卜炒至半熟，盛出。
4. 锅中再加1大匙油烧热，放入猪肝炒至半熟，加入其他材料及C料大火炒熟即可。

COOKING POINT!

热油大炒可防猪肝变老

爆炒猪肝时，锅中的油要热，炒的时候火要大，不要一再翻炒，否则很容易让猪肝变老。此外，水煮猪肝时，下锅时火要小，煮沸后立刻熄火，才不会使猪肝因为煮得太老，失去软嫩的口感。

Q 如何炸出外酥内嫩的猪排？

 A
1. 炸猪排前，先在猪排有筋的地方切开2～3个口子，然后再炸，这样猪排就不会缩了。
2. 炸猪排时，先将锅中的油烧热，以小火炸到猪排呈金黄色，然后改用大火将猪排外层炸至酥脆，可以使猪排盛起后不会吸收太多的油分。

 试菜时间 **炸猪排**

材料

猪里脊肉500克，鸡蛋1个。

调味料

A料：酱油2大匙，盐、糖、胡椒粉各1／2小匙，面粉2大匙，油1小匙。

B料：面包粉1杯。

C料：西红柿酱1小匙。

做法

1. 猪里脊肉洗净，均切成1厘米厚片，以肉锤拍松，放入碗中加入A料搅匀，并腌20分钟，取出。
2. 鸡蛋打入碗中搅匀，放入腌好的肉片两面沾匀，再沾上B料裹匀。
3. 锅中倒3杯油烧热，放入裹好炸衣的肉片炸酥，捞出，蘸C料食用。

COOKING POINT!

不同的油炸粉口感各异

常见的油炸粉有面包粉、地瓜粉、低筋面粉、淀粉。颗粒状的面包粉与地瓜粉，可使猪排口感较为酥脆且厚实；低筋面粉可包住肉汁，口感较松脆；淀粉则须与面粉或其他粉类以1:1比例来混合，同样可包住肉汁，增添香脆口感。

炸油量应是食材的4倍

炸猪排时炸油一定要充足，通常油量要达到炸物的4倍，这样才可以产生足够的浮力，以免猪排一入锅就沉到底部，很快就炸糊了。而且油量充足才能让猪排均匀受热，炸出漂亮的金黄色，避免表皮湿软、互相黏结的窘境。

如何煎肉排不沾锅？

A 1. 煎肉排时，要热锅热油，肉排才不易沾锅，若油温不够而沾锅时，可将锅子离火，放在湿布上冷却一下，这样就可以轻易翻动肉排了。

2. 腌过酱油的猪肉很容易煎焦，最好在腌拌时，加入少量的色拉油在腌酱中，可以有效避免将肉排煎至焦黑的情况。

 试菜时间

煎猪排

材料
猪里脊肉2片（约300克）。

调味料
酱油1小匙，胡椒粉、淀粉、色拉油各少许。

做法

1. 猪里脊肉以刀背拍打至筋肉松弛，加入调味料中的酱油、胡椒粉及色拉油略拌，最后加入淀粉腌渍入味。

2. 锅中倒入适量油烧热，放入猪排煎熟即可。

COOKING POINT!

煎猪排宜用平底锅

　　煎猪排以不沾平底锅最理想，煎时油量不用太多，但必须以中小火均匀加热，才不会造成粘锅，煎好的猪排外观也较漂亮。如果是用铁制的平底锅，那锅就要先加热，以大火稍煎，再改中火煎熟即可。

Q 如何做出酥脆好吃的糖醋排骨?

A
1. 小排骨腌好后，沾面粉下热油锅炸，分两次炸小排骨才会酥透，第一次用小火稍炸5分钟后捞出，第2次下锅炸3分钟后捞起，这样不但炸得透，也不会炸的太老。

2. 炸好的小排骨要与糖醋汁充分炒匀，让排骨的表面完全沾裹到糖醋汁，盛出后尽快吃完，以免排骨被汤汁泡软而失去酥脆的口感。

试菜时间 糖醋排骨

材料

小排骨500克，罐头菠萝2片，葱3根，姜20克。

调味料

A料：盐1小匙，酱油2大匙。

B料：面粉1杯。

C料：糖、淀粉各1小匙，白醋1大匙，西红柿酱5大匙。

做法

1. 菠萝罐头打开，取出菠萝，沥干，切小片；葱洗净，切段；姜洗净，切片。

2. 小排骨洗净，放入碗中加入A料及葱段、姜片腌拌15分钟；腌好的小排骨均匀沾裹B料；锅中倒入1杯油烧热，放入小排骨以小火炸熟，捞出，沥干油分。

3. 锅中留1大匙油继续加热，加入C料炒匀，再加入小排骨、菠萝片炒至汤汁呈黏稠状即可。

COOKING POINT!

糖、醋比例过重会盖过排骨味

糖醋酱中的糖和醋比例调配过重，会盖过肉排的香味。因此，半斤的肉，只需搭配2大匙的糖和1大匙的醋；菠萝罐头内的菠萝汁不要浪费，可以在最后调味时，加进来提味。

如何节省烤肋排的时间？

A
1. 肋排正在腌渍酱料准备时，就可以预热烤箱。
2. 将肋排放入烤箱中央均匀受热，烘烤时不要打开烤箱。
3. 要判断肋排是否熟透，可以用竹签刺进其中，若轻易就可穿过，并且没有血水从洞中冒出，则代表肋排已经烤熟。

 试菜时间  橙汁烤肋排

材料
猪肋排1块（约300克）。

调味料
酱油、糖、米酒各1大匙，橙汁3大匙，水果醋2大匙，姜末、蒜末各1小匙。

做法
1. 烤箱预热至180℃，烤盘铺上锡箔纸，抹上1大匙奶油。
2. 将调味料放入碗中调匀，做成腌料；肋排洗净，擦干水分，放入腌料中抓拌，移入冰箱腌2小时至入味。
3. 烤盘内摆上肋排，放进烤箱中，以180℃烤约50分钟即可。

COOKING POINT!

肉类食材都可做成橙汁口味

橙汁适合作为肉类食材的佐酱，若不喜欢吃肋排的人，可以变换成小排骨、鸡腿肉、羊小排等其他肉类，只要调整烤箱烘烤的时间即可。若烤好的肉类变凉，可以以低温烘烤加热。

粉蒸肉如何做才会滑嫩多汁？

A 1. 粉蒸肉用的是蒸粉，蒸粉是由白米加香料炒制而成，容易吸收腌料中的水分及油质，所以蒸时要多加些麻油，避免肉汁水分被粉吸干，肉质变干涩。
2. 用中火慢蒸，如火太大，易造成肉质表面干硬而里面半生不熟的现象。
3. 在蒸的过程中，要不断在外锅加入热水，这样就能让肉熟烂又入味，而且一起蒸的配料蔬菜也不会蒸到过烂。

试菜时间 粉蒸肉

材料
五花肉300克，芋头200克，蒸肉粉150克。
调味料
糖2大匙，酱油、水各1大匙，花椒粉、辣豆瓣酱各1小匙。
做法
1. 五花肉洗净，切块，放入碗中加入调味料抓拌均匀腌1小时，取出后均匀沾裹蒸肉粉。
2. 芋头去皮，洗净，切块，放入水中浸泡15分钟，取出沥干后，排入盘中，铺上五花肉。
3. 放入蒸锅中蒸至五花肉熟软取出即可。

COOKING POINT!

用蒸肉粉腌拌时要注意调味量的使用
　　市售的蒸肉粉通常都已经调味，所以腌拌主要材料时，一定要注意酱油等有咸味调味料的分量，以免蒸出来过咸。

蒸肉时宜用中火慢蒸
　　烹调之前要把肉先腌渍入味，再以中火慢蒸，将猪肉块里外逐渐蒸熟。如果蒸时火太大，容易造成肉块表面干硬，而里面半生不熟的现象。铺在猪肉底下的芋头，去皮后会变色，所以削完皮后要泡在水中。

蒸好的绞肉如何不粘蒸盘？

1. 要避免蒸好的绞肉粘住蒸盘，盘中一定必须先抹油，再放入绞肉。
2. 要以大火蒸煮，以免小火蒸煮时间过长，造成绞肉的水分大量流失，口感变的干涩老硬；清蒸的菜肴多数没有油水，因此要靠一些提鲜的食材来丰富口感，例如竹笋、香菇、酱瓜、咸蛋黄和火腿等，提味食材不可切的太厚或太大，蒸的时候才能使绞肉充分吸收美味。

试菜时间

荫瓜仔肉

材料

荫瓜罐头1罐，猪绞肉300克，大蒜3瓣。

调味料

鲜鸡精1小匙，米酒少许。

做法

1. 荫瓜罐头倒出汤汁，将瓜仔放入沸水中略微氽烫，捞出后切成碎末；大蒜去皮，切末。
2. 盘中放入荫瓜末、大蒜末、猪绞肉、荫瓜汤汁，加入调味料一起调拌均匀，放入蒸锅中，隔水蒸煮约25分钟至肉熟透即可。

COOKING POINT!

蒸肉前宜先炒香蒜末

如要使香气更为浓郁，可将蒜末先爆香再用，或者以少许油葱酥来取代，这样蒸出来的瓜仔肉更香。用电锅蒸时外锅放半锅水，如果用蒸锅，就先用大火把水煮沸，再放入蒸肉，改用中火继续蒸25分钟即可。

市售绞肉适合做蒸肉，不适做肉丸子

通常市场买回的猪绞肉肥瘦比例是1：3，适合做蒸肉或是作为配菜，像是肉酱面的肉酱，若要做珍珠丸子、肉丸子，则会由于肥肉比例较高，做出来的丸子较软嫩不弹牙，所以不适合。

如何炒粉丝不糊烂？

1. 粉丝在使用前要先泡冷水，使其软化。
2. 使用时一定要充分沥干水分，否则容易糊锅。
3. 粉丝易吸油、水，在炒时要多加一点油，水量则以能够盖过粉丝、焖煮约3秒钟为原则，避免粉丝吸入太多水分，变得糊烂不好吃。

试菜时间　蚂蚁上树

材料

猪绞肉150克，粉条2把，葱1根，大蒜2瓣，姜2片。

调味料

A料：辣豆瓣酱1大匙。

B料：花椒粉1／4小匙，糖、酱油各1／2小匙。

C料：香油1／2小匙。

做法

1. 大蒜去皮；葱、姜均洗净、切末；粉条以冷开水泡至软，捞出沥干。

2. 锅中倒入1大匙油烧热，放入姜、蒜及绞肉爆香，加入A料，以中小火炒出香味，再加入1杯水煮开。

3. 加入粉条及B料，以中小火煮至汤汁剩下一半，转大火将汤汁收干，淋上C料，撒上葱末即可。

COOKING POINT!

肉末的肥瘦比例为1　4

　　蚂蚁上树的绞肉最好选择活动量较大、细嫩具弹性的颈部猪肉，如能带点油花，口感更好，肥瘦比例为1：4。炒肉时要用细火炒出绞肉中的油，炒香的过程一定要等到肥肉的油脂都出来后才加水，水煮沸后再放入粉条，转中小火慢慢收干汤汁；豆瓣酱一定要稍微炒一下，香味才会出来；粉条要用冷开水泡，不要煮，泡软即可。

如何做出弹牙的肉丸子？

A

1. 猪绞肉含水量不高，可以加入切碎的荸荠，让肉丸子出水。

2. 猪绞肉搅拌时要先把荸荠充分沥干，并加入面粉或淀粉、鸡蛋、蛋白一起顺方向搅拌，拌至肉团粘稠、有弹性，或是增加摔打的动作，使肉团中的空气完全释出，如此油炸时才不至于一炸即散。

3. 要避免炸好的肉丸子在焖煮时变松软，也可改用清蒸或红烧的方法，最后熄火前再淋上芡汁烧至入味即可。

试菜时间

红烧狮子头

材料

猪绞肉600克，大白菜300克，荸荠200克，葱、姜各50克，鸡蛋1个。

调味料

A料：淀粉3大匙，酱油2大匙，米酒1大匙，胡椒粉1小匙。

B料：水2杯，酱油3大匙，糖、米酒各1大匙。

做法

1. 荸荠、姜分别去皮、洗净、切末；大白菜洗净，切大块。

2. 将猪绞肉放入碗中，打入鸡蛋，加入葱、荸荠、姜末及A料搅拌至有粘性。

3. 用手捏握成肉丸子，放入热油锅中以大火炸至金黄色，捞出，沥干油分。

4. 锅中倒入B料，放入大白菜以大火煮滚，再加入肉丸子，改小火煮至入味，熄火，盛入排有上海青的盘子即可。

COOKING POINT!

炸肉丸子时要高温且不断搅拌

油炸肉丸时，油要加热至较高温度再放入肉丸，并以锅铲不断翻动，以免肉末沾粘锅底，待外表固定，不会破碎沾粘后即改小火使内部均匀熟透，或用蒸锅蒸熟。

Q 如何处理猪脚？

A
1. 猪脚包含骨肉、脂肪与皮，要先汆烫：汆烫时将食材与冷水同时放入锅中，一起加热，食材内的血水或苦涩味会随水温逐渐升高而排出。
2. 汆烫的目的是为了去除骨髓质、血水与过多的油脂，烫过之后再以冷开水稍微冲掉表面的油污，效果会更好。

试菜时间 ## 红烧猪脚

材料
猪脚800克，姜30克。
调味料
卤包1包，冰糖50克，酱油、米酒各1杯，盐2小匙。
做法
1. 猪脚洗净，放入滚水煮5分钟，捞出，待凉；姜洗净，切片。
2. 以夹子拔除表皮上余毛，剁成大块。
3. 锅中倒入2大匙油烧热，放入猪脚略炒，再加入姜、调味料，以大火煮沸。
4. 盛入深锅中，倒入2杯水，以大火煮沸，再改小火煮至猪脚完全熟烂即可。

COOKING POINT!

汆烫后再细看毛是否已拔干净

　　猪皮或猪蹄上的毛，肉贩虽已处理，若有残留没拔干净，可利用汆烫去血水时，再用夹子拔除；此外，下锅煮猪脚前，不妨先用油炸，再在冷水中泡15分钟，这样煮出来会比较滑嫩而不油腻。

如何卤出弹牙的蹄膀？

1. 餐厅都是用高温油炸蹄膀，但一般家庭用油煎即可；猪皮经过油煎后，再炖煮时口感会比较弹牙，肉质也会软而不烂。
2. 蹄膀炸后急速过凉，可使外皮有弹性又不油腻。
3. 炖卤时要用小火慢炖，在锅底垫入葱段，可以避免猪皮因直接接触锅底而烧焦；炖煮过程中要经常翻动，除了可使蹄膀均匀入味之外，还可以避免底部烧焦。
4. 卤汁中加点冰糖可使蹄膀颜色好看易入味，而且卤汁也会较浓稠香醇。

试菜时间　　**笋干蹄膀**

材料

笋干150克，猪蹄膀1只（约800克），葱2根，姜1小块，大蒜6瓣，八角3颗，红辣椒1个。

调味料

A料：酱油1大匙。

B料：盐1／4小匙，冰糖、米酒各1大匙，鲜鸡精、胡椒粉、五香粉各1／2小匙，水3杯。

做法

1. 全部材料洗净；葱切段；姜拍碎；笋干放入沸水中汆烫，捞出，以冷水冲去咸酸味。
2. 用菜刀刮去蹄膀余毛，放入碗中，加入A料腌拌，然后放入热油锅中炸去多余油脂，捞出，沥干。
3. 锅中倒入1大匙油烧热，爆香葱、姜、大蒜、红辣椒，放入笋干、蹄膀、八角及B料煮沸，移入电锅，炖煮40～50分钟即可。

COOKING POINT!

蹄膀火烤后用冷水冲洗再用钢刷刷去余毛

想要快速轻松地脱毛，可将蹄膀外皮放在瓦斯炉火上烤一下，然后用冷水冲洗，让毛囊缩紧，再用钢刷刷去余毛即可。

Q 如何处理梅干菜？

A
1. 先用水将梅干菜泡软，把老硬的头去掉。
2. 再用水将泥沙冲洗干净，然后把水分拧干，切碎使用。
3. 因为腌渍梅干菜过程中加了大量的盐，所以烹调前可以先用少许糖炒一下再进行烹饪。

试菜时间　梅菜扣肉

材料
带皮猪五花肉600克，梅菜150克，上海青200克。

调味料
酱油2大匙。

做法
1. 猪肉洗净，放入热水中烫至约8分熟，捞出，沥干，趁热均匀抹上1大匙酱油，腌渍备用。
2. 梅菜洗净，用水泡20分钟，捞出洗净，切成碎丁；上海青洗净，汆烫至熟，捞起，摆盘。
3. 锅中倒入3杯油烧热，将腌好的五花肉炸至表皮金黄，捞出，沥干油分，切片；将切好的五花肉整齐地摆入碗中，再将梅菜放在肉上，均匀倒入1大匙酱油，入蒸锅蒸约30分钟至肉软烂，取出扣在摆好盘的上海青中即可。

COOKING POINT!

梅干菜宜搭配五花肉

　　梅干菜易吸油、水，最好搭配肥瘦参半的五花肉。五花肉烹调前一定要先下水煮20分钟去腥，捞出沥干后再下油锅炸一下，炸的时候要猪皮面朝下，以去除多余的油脂，炸到表皮酥焦即可捞出，快速将炸过的猪肉用冷水冲泡，使猪肉高温油炸后紧缩的组织松弛，烹调时就会容易入味，滑嫩不腻。

如何处理腰花？

A
1. 腰花即猪腰，也就是猪的肾脏，买回来后先用清水冲洗干净。
2. 再把猪腰对半剖开，因为里面的白筋带有浓烈的腥骚味，所以务必要全部剔除干净，再放入清水中，把血水挤出，反复数次直到没有任何血水为止。
3. 清洗干净的猪腰，就可以切花、切块，要注意不可切太薄，以免口感干柴。

试菜时间 　麻油腰花煲

材料
猪腰1副（约400克），姜200克。

调味料
麻油3大匙，米酒1杯。

做法
1. 猪腰洗净，切花；姜洗净，切片。
2. 锅中倒入麻油烧热，将姜片爆炒约5分钟后，加入腰花一起拌炒，倒入米酒煮约10分钟即可。

COOKING POINT!

选用未炒焦的芝麻炼制的麻油才是好麻油
　　黑麻油以未炒焦的芝麻来炼制效果最好，用炒焦的芝麻炼出的黑麻油吃了容易上火，失去了温补的意义。选购麻油时，以颜色深、浓度高、香气饱满者为上品。

熬好卤汤需要取出卤包吗？

A 1. 制作卤汁时，需按照卤包配方的比例去调配，如果没有计划制作老卤，卤包可以一直浸泡在卤锅里。

2. 如果要制作老卤，应该在第一遍卤汤煮好时，捞出卤包，将旧的卤汁加入其中混合就是老卤，只要保存得当，适时撇除浮油、浮末，老卤的味道会越陈越香。

3. 当卤汁不够时，可酌量添加酱油、冰糖、八角及水，这样就可以继续加入食材继续卤。

 试菜时间

卤东坡肉

材料

五花肉600克，干瓢（或盐草）少许。

调味料

冰糖150克，绍兴酒、米酒各1／2杯，蚝油3大匙，酱油膏2大匙，味精1大匙，水2.5杯。

卤料

草果36.5克，陈皮、川芎、甘草、桂叶、桂枝、红枣各适量。

做法

1. 五花肉放入冰箱冷冻结冰，取出切成正四方形，用干瓢或棉绳绑好，备用。

2. 将卤料与调味料放入锅中，用小火一起熬煮至出味，将卤汁和生五花肉倒入陶瓮中，慢慢煮至熟烂即可。

COOKING POINT!

东坡肉卤制诀窍

东坡肉要肥而不腻才好吃，传统做法是先将五花肉炸至表皮缩紧，再加入卤汁以小火焖煮，猪皮部分朝下，用小火慢煮2小时，注意卤汁不要烧干，卤到汤汁变浓稠、皮滑肉烂时即可取出。

如何判断油锅的热度?

A 可利用面糊沉入油中来推测。

低温：将面糊滴入油锅中，若面糊沉到底部再慢慢浮上来，则为150～160℃的低温，适合炸厚度较厚的肉类、根茎类的蔬菜，以及需要二次炸制的食材。

中温：若面糊没有沉到底，在一半处就浮上来，则为170～180℃，所有的食材均适合。

高温：若面糊立刻在油锅表面散开，则为大约190℃，适合二次油炸以及炸鱼。

试菜时间　炸排骨酥

材料

小排骨300克，大蒜3瓣，姜20克，地瓜粉适量。

调味料

白糖、酱油各1大匙，胡椒粉、五香粉各1小匙，米酒2大匙，盐、淀粉各1／2大匙。

做法

1. 大蒜和姜均去皮、切末，加入腌料搅匀，调拌成腌酱备用。

2. 小排骨洗净，剁块，加入拌匀的腌料腌25分钟至入味，取出沾裹适量地瓜粉。

3. 锅中倒入3杯油，以中火加热至油温达160℃，放入排骨，油炸约4分钟，改180℃大火继续炸1分钟，捞出沥油即可。

COOKING POINT!

炸排骨秘诀

炸排骨外焦内生多半是因为在油温太高时放入排骨酥炸而导致的，应该在低温时放入排骨，以大火快炸定型，再转小火慢炸，起锅前再转大火快炸一下就捞出。若油温太高，可先把食物捞起，待油温下降后再放入酥炸，或者加入新的油降低油温。

Q 如何炒出柔嫩的猪肝？

A
1. 炒猪肝不要切太厚，不仅可缩短烹调时间，也能炒过头，让口感变干、变老。
2. 猪肝下锅炒时火不要太大，待表面颜色转白、不出血水时，就可准备起锅。

试菜时间 **猪肝韭菜花松**

材料

猪肝、韭菜花各150克，芝麻枸杞各1大匙，生菜1／2颗，姜2片。

调味料

鸡精1小匙，胡椒粉、糖各1／2小匙，米酒1小匙，盐少许。

做法

1. 猪肝洗净切丁；韭菜花洗净切小段；生菜洗净剪成碗形后浸泡在开水里；姜洗净切末；枸杞泡水。
2. 炒锅烧热，加少许色拉油，爆香姜末，加入猪肝丁炒熟，再放入韭菜花、枸杞与所有调味料炒熟，然后盛入盘中，洒上芝麻。
3. 捞出生菜叶，沥干水分，将做法2的材料取适量放入生菜叶中，包起来即可。

COOKING POINT!

生菜泡水后口感更清脆

生菜清洗后浸在凉开水中，更能保持其多水、爽口的清脆口感。

猪肝清洗的诀窍

将猪肝放在水龙头下，朝着猪肝的动脉孔洞灌水，一边灌水，一边挤压猪肝，让其内部的脏污流出来，然后剔除猪肝上半部比较厚的白筋部位再开始切片，这样可减少猪肝的腥味，入口的猪肝也更容易消化。

Part 3 鸡肉类

Chicken

[鸡肉各部位的B族维生素含量]

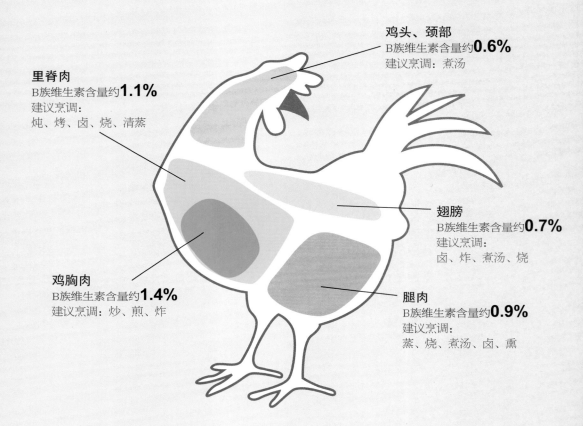

鸡头、颈部
B族维生素含量约**0.6%**
建议烹调：煮汤

里脊肉
B族维生素含量约**1.1%**
建议烹调：
炖、烤、卤、烧、清蒸

翅膀
B族维生素含量约**0.7%**
建议烹调：
卤、炸、煮汤、烧

鸡胸肉
B族维生素含量约**1.4%**
建议烹调：炒、煎、炸

腿肉
B族维生素含量约**0.9%**
建议烹调：
蒸、烧、煮汤、卤、熏

[鸡胸肉的切法]

切片法

一手压着肉，另一手拿刀逆纹横切，切出来的肉片较薄。

切丝法

顺着纹路将肉切成薄片后平放，逆纹切细丝。

切丁法

1. 先顺着纹路将鸡胸肉切成粗条。
2. 再逆纹将粗条切成小丁。

去除鸡胸肉的筋

用刀子从筋的起端轻划一下，接着一手拉筋，一手拿刀沿着筋的底部向前滑即可。

制作鸡丝

1. 将鸡胸肉与少许葱、姜一起在水中煮5分钟，熄火泡15分钟至熟，取出放到冷却，用手剥成丝状。
2. 或将烫好的鸡胸肉放在熟食用的砧板上，上面覆盖一个塑料袋，用酒瓶碾压鸡胸肉，将鸡肉的纹路碾压出来。拿掉袋子后，用两支叉子在鸡胸肉上戳一戳、叉一叉鸡丝就会自然散开。

[鸡腿如何去骨]

1. 沿着鸡腿骨划一刀。
2. 一直划到鸡腿尽头。
3. 将关节处的白筋切断。

4. 将上半段的骨头去除。
5. 用刀背将尽头的骨头打碎。
6. 把骨头与肉拉开，使其分离。
7. 将骨头去除即可。

Q 如何炸出好吃的咸酥鸡？

 1. 将酱油、米酒、香油、五香粉、蛋和面粉腌拌后制成腌料，用保鲜膜封好放在冰箱冷藏约20～30分钟。

2. 将鸡肉放入腌料中以手搓揉再取出油炸，这样炸出的鸡块会非常入味。

3. 想要炸出漂亮的咸酥鸡，可在油温150℃时放入腌好的鸡肉，以小火烫熟，捞出前改大火炸半分钟，这样颜色会很漂亮。

INFORMATION NOTES

 鸡肉挑选要诀

最好到生鲜超市选有CAS认证标志的肉品，以肉质结实有弹性、粉嫩有光泽、毛孔突出、鸡冠为淡红色、鸡软骨白净者为宜。购买后要尽快处理，将鸡肉放水龙头下，将肉及内脏的血水搓洗干净，去除多余的脂肪。处理好的鸡肉应立即包好，放冷冻库2天内煮完，如放冷藏则应当天烹调。

 鸡肉营养保健

鸡肉属于白肉，肉性温和，主要营养成分有蛋白质、脂肪、糖类、维生素A、B族维生素、钙、磷、铁、铜等，是一般家庭食用的常见食材。由于其纤维较细、好消化，营养丰富、易被吸收，自古向来被视为滋补的佳品。因为鸡肉取得方便，且烹调方式多样，所以大众的接受度相当高，尤其适宜生长中的儿童、青少年。

 鸡肉变化菜肴

鸡丝拉皮、鸡肉卷、红糟鸡块、蜜汁鸡、怪味鸡块、炸八块、辣子鸡柳、宫保鸡丁、豆芽鸡丝、麻辣鸡片。

试菜时间 **咸酥鸡**

材料

鸡胸肉1副（约250克），地瓜粉1／2杯，罗勒20克。

调味料

A料：盐1／4小匙，酱油3大匙，糖1又1／2大匙，料理米酒2大匙，五香粉、肉桂粉各1／2小匙。

B料：胡椒粉1／4小匙，盐1／2小匙。

做法

1. 鸡胸肉洗净，沥干，切成小块，放入碗中加入A料抓拌均匀，略腌10分钟，取出，放入盘中，将其两面均匀沾裹地瓜粉。

2. 锅中倒入3杯油，油温150℃时放入鸡肉块，炸至5秒定型后，再转小火炸2～3分钟，最后转大火炸30秒，再加入罗勒略炸，捞起，食用时沾B料即可。

COOKING POINT!

炸鸡块的秘诀

　　炸鸡块的秘诀是放入鸡块炸至定型后，要转小火慢慢炸熟，肉质才不会太干焦，炸好捞出前改大火快炸一下，释出肉中多余油脂，吃起来才会不油不腻。

 活用技法：油炸

　　油炸食物的油温不能太低，但油温过高也会让食物氧化产生异味；油炸过程中，不可一次加入过多材料，以免锅中突然降温，造成油温过低，如果油温太高，可以先熄火等油温略降后再投入食物。

Q 如何烤出外焦内嫩的鸡腿?

A
1. 鸡腿烘烤前一般会先进行腌制，由于腌料的盐分较多，这样鸡腿本身的水分含量就会相对变少，还会造成鸡腿表皮极易烤黑，里面的鸡肉却不熟。
2. 烘烤前先以清水冲洗表面多余的腌料，让鸡腿再吸收一些水分，再用小火慢烤，这样烤出来的鸡腿就不会太硬也不会过咸，并且外表金黄肉质鲜嫩。

试菜时间 烤鸡腿

材料

鸡腿1只（约250克），柠檬1个。

调味料

酱油膏、酒各2大匙，糖、香油1大匙，鲜鸡精1小匙，葱段、胡椒粉各少许，大蒜末2小匙，水300毫升。

做法

1. 鸡腿洗净、沥干，加入调味料腌渍1天至入味。
2. 将腌渍好的鸡腿，放入已预热的烤箱，以180℃的温度烤约25分钟至熟，且表面呈现漂亮的金黄色即可取出，食用前挤上柠檬汁即可。

COOKING POINT!

擦干多余水分让腌料更入味

进行腌制之前充分擦干鸡腿表面的水分，可使鸡腿肉快速吸收腌汁，更加入味。

烤箱先预热减少失败

烤箱先预热是成功的关键，在烘烤前先将鸡腿的筋络切断，掌握"低温、长时间烘烤"的原则，这样能让鸡腿中心熟透，外皮又不至于焦黑。

如何卤出软嫩多汁的鸡腿?

A

1. 鸡腿质地鲜嫩、肉多汁美,有些人会贪图快熟,把鸡腿肉剁成数块,再放进锅中卤制,这样会造成鸡汁流失,肉质也会变硬。正确的卤法是整只鸡腿一起卤,食用前再用刀剁开。
2. 卤煮前先用水浸泡以去除腥味,用竹签在表面刺几个洞后,再浸泡在卤汁中煮卤,这样可缩短卤制的时间。
3. 土鸡的肉质较为结实,最适合卤制,经过长时间的焖煮卤制口感便会嫩又不至于太过软烂。

试菜时间 ## 卤鸡腿

材料

鸡腿2只(约500克),大蒜4瓣,葱2根,姜30克,综合卤包1个。

调味料

水5杯,酱油1/2杯,冰糖、米酒各2大匙。

做法

1. 大蒜去皮,拍碎;葱洗净,切段;姜去皮,切片备用。
2. 鸡腿洗净,放入热油中过油,捞出备用。
3. 锅中放入调味料、卤包、葱、姜、大蒜及鸡腿煮开,熄火闷4小时,捞出鸡腿即可。

COOKING POINT!

过油再卤更入味

　　卤鸡腿时,鸡腿先油炸再卤制,可使卤成的鸡腿更可口,外观更油亮,而且口感略带酥脆,又不失香浓,层次十分丰富。卤煮时宜用小火,以免汤汁太快烧干,导致外皮焦熟,里面却半生不熟。

Q 如何炸出香酥多汁的鸡腿?

A
1. 炸鸡腿时外皮容易比里面先焦掉,所以火力大小的调节要特别注意,外皮颜色变深时可把火关小,以免炸焦。
2. 鸡腿第一次入锅时先用小火炸至表皮呈金黄色,然后以网子捞起,待20秒后第二次入锅,用大火油炸至表皮酥脆,重复数次,如此鸡腿肉才能保有肉质的甜度和紧实度。
3. 要缩短鸡腿油炸时间,可在内侧划上数刀,如此对于鸡腿的熟化程度也可以更有效掌握。

试菜时间 美式炸鸡腿

材料
带骨大鸡腿2只(约500克),鸡蛋1个,脆浆粉(市售炸鸡预拌粉任何一种都可)1大匙,水适量。

调味料
牛油、盐、鲜鸡精各少许,水淀粉2小匙。

腌料
葱段、姜片各40克,白糖、米酒、鲜鸡精各1小匙,盐适量。

做法
1. 带骨大鸡腿洗净,以刀切断筋络,加入腌料拌匀,腌约30分钟至完全入味,取出;用脆浆粉、鸡蛋及水调匀成面糊,放入腌好的鸡腿沾裹均匀,取出。
2. 锅中倒入5杯油,以中火加热至油温150℃,放入鸡腿略炸定型,转小火继续炸约4分钟,最后改中火再炸约1分钟,至表面呈现金黄色即可捞出,沥油。
3. 锅洗净,放入牛油烧融,再加入盐、鲜鸡精及4大匙水煮沸,淋入水淀粉勾芡,取出,淋在鸡腿上即可。

COOKING POINT!

炸鸡腿的诀窍

基本烹调流程:洗净→剁块→拌腌酱→调粉糊→沾裹炸衣→下锅炸酥

油温:150→120℃→150℃　　火力:中火→小火→中火　　时间:5秒→4分钟→1分钟

如何让鸡胸肉口感不干硬？

1. 腌过的鸡胸肉会吸水，吃起来比较嫩，腌渍时搅拌一下，也能使肉软化，吃起来不硬。
2. 用炒的方式处理鸡胸肉时，肉要切薄片，这样才能让鸡胸肉均匀受热快速起锅，炒的时候要用中火炒，当鸡肉的表面变白，再炒约1分钟即可起锅。

试菜时间　芝麻豆腐乳鸡片

材料
鸡胸肉1块（约400克），豆腐乳2块，蒜头2瓣，香菜1根。

腌料
酱油、淀粉各1小匙，鸡蛋1个，蒜头1瓣。

调味料
酱油膏、糖、芝麻酱各1大匙，辣油、香油各1小匙。

做法
1. 鸡胸肉切成片，加入腌料抓匀，腌10分钟。
2. 将豆腐乳与所有调味料均匀搅拌成酱汁。
3. 将做法1的鸡胸肉片取出汆烫，捞出放在盘上，淋上酱汁即可。

COOKING POINT!

腌渍让鸡胸肉口感更嫩

以250克的鸡胸肉为例，按酱油、糖与淀粉各1小匙的比例调成腌料，将鸡胸肉腌渍约10分钟，让腌料入味并使鸡胸肉吸水，口感会更鲜嫩。

如何炸出酥脆的日式炸鸡？

 1. 以肉锤或刀背拍松鸡胸肉，这样可破坏鸡肉的结实筋络，让肉质入口更柔软，同时也能充分吸收酱汁，缩短油炸的时间，避免鸡肉炸得过干，失去鲜嫩口感。

2. 腌制时以手搓揉鸡肉让腌料和鸡肉充分混合，腌20～30分钟。

3. 用纸巾吸干腌汁后充分沾裹炸粉，将多余的粉拍掉再下锅油炸。

4. 入锅时用筷子按住鸡肉，炸至金黄色时将鸡肉翻面，让肉熟透，待两面都炸至金黄色时，再大火炸30秒即可。

 鸡胸肉挑选要诀

　　常见的鸡胸肉多半指的是不带骨且不带皮的鸡胸脯肉，由于肉质嫩、不带筋，挑选时，以肉质颜色淡白有光泽较佳。

 鸡肉变化菜肴

　　脆皮鸡排、香辣鸡排、蜜汁鸡排、美式炸鸡、红烧鸡腿、烤鸡腿、卤鸡腿。

 鸡肉营养功效

　　鸡肉所含的消化酶容易被人体吸收利用，脂肪含量不多，多为不饱和脂肪酸，较不容易造成动脉硬化，适合体质虚弱者及病后或产后需补充营养者食用，也是老年人、心血管疾病患者最适合的蛋白质摄取来源。

试菜时间

日式脆皮鸡排

材料

鸡胸排1副（约400克），低筋面粉、面包粉各2大匙，鸡蛋1个，清水适量。

调味料

葱段、姜片各30克，深色酱油、米酒各1小匙，鲜鸡精适量。

做法

1. 鸡胸排洗净，拍松，加入调味料拌匀，腌20～25分钟至完全入味，取出，两面拍上少许低筋面粉备用。

2. 将剩余的低筋面粉放入碗中，打入鸡蛋及清水调匀成面糊，将鸡排放入面糊中沾裹均匀，取出，再将其两面均匀沾上面包粉。

3. 锅中倒入3杯油，以中火加热至油温达150℃，放入鸡胸排略炸5秒，转小火，继续炸约3分钟，最后转中火再炸1分钟，捞出沥油即可。

COOKING POINT!

日式脆皮鸡排烹饪诀窍

炸鸡的流程：洗净→拍松→拌腌酱→沾粉→调面糊→沾裹炸衣→下锅油炸

油温：150→130℃→150℃

火力：中火→小火→中火

时间：5秒→3分钟→1分钟

活用技法：西炸

　　日式脆皮鸡排使用的西炸技法，是先将主要材料处理好后用调味料腌拌入味，并依序沾裹面粉、蛋汁或面糊，最后沾上面包粉，再放入油锅中炸熟的一种技法。

如何去除鸡肉腥味？

A
1. 用米酒淋在鸡肉上，腌15分钟，就可去腥。
2. 用萝卜汁混合米酒，冲洗鸡肉块，也可去除腥味。
3. 先用冷水洗净鸡肉，再用柠檬片擦拭鸡肉表面即可去除腥味。若是大块的鸡肉块，可将柠檬汁浇在肉块上。
4. 啤酒可增加鸡肉的香味，也可去腥，烹煮前以啤酒腌渍鸡肉大约10分钟，啤酒与鸡肉的比例是1：5，例如500克的鸡肉配100克的啤酒，将鸡肉捞起调味后再烧煮，肉质会更细嫩柔滑。

试菜时间 **啤酒烧鸡**

材料
鸡腿2只，罐装啤酒1／2瓶，葱、红辣椒各2支，熟笋片50克。

调味料
A料：鲜鸡精1／3小匙、糖1／2小匙、酱油1大匙、水1杯。
B料：水淀粉1大匙。

做法
1. 葱、红辣椒均洗净切段；鸡腿洗净，切块。
2. 锅中倒入1大匙油烧热，放入葱及红辣椒爆香，加入鸡腿、笋片及A料烧开，改小火继续煮5分钟。
3. 最后加入啤酒以小火烧至汤汁剩下一半，加入B料勾芡后即可。

COOKING POINT!

快炒鸡肉的诀窍

　　鸡肉快炒重在鲜嫩，鸡肉炒得鲜嫩的两大秘诀在于鸡肉的腌拌及过油。在下锅炒之前最好加入适量的调味料及水抓拌，让鸡肉吸收水分，炒时便会鲜嫩多汁。再经过大火过油，便可迅速封住鸡肉的鲜美原味。

如何快速制作鸡丝？

1. 最好选用带骨鸡胸，蒸熟后再去骨，撕成丝，若选用去骨的鸡胸肉，鸡肉受热后会过度紧缩脱水，不含肉汁的鸡丝吃起来干涩、口感差。

2. 使用微波炉就能快速制作鸡丝，先将鸡胸肉洗净，再用叉子在鸡胸肉的两面戳刺几下，抹上盐和酒，这样做比较容易入味；将准备好的鸡胸肉放入微波炉中，加热3分钟后翻面再热2分钟左右，放凉后就可制作鸡丝了。

3. 鸡胸肉放入滚水汆烫时，加入1～2匙盐，使鸡肉带点咸味，烫熟后马上捞出，以免肉变硬且脱水，这样放凉后撕好的鸡丝会比较入味。

 试菜时间

鸡丝拉皮

材料

鸡胸肉200克，干粉皮1张，小黄瓜2根。

调味料

芝麻酱、酱油各3大匙，芥末酱2大匙，白醋、麻油各1大匙，糖1/2大匙。

做法

1. 干粉皮放入沸水中煮至软，捞出，沥干，待凉，以手撕成小片备用。

2. 鸡胸肉洗净，烫熟、捞出沥干，待凉撕成丝。

3. 小黄瓜洗净，切成细丝，放入碗中，加入其他材料，淋上调味料即可。

COOKING POINT!

鸡肉冷藏前要吸干水分

未处理的鸡胸肉洗净后用纸巾把水分吸干，平整放入密封袋封紧，置入金属盘中冷冻，约可保存2周。

如何避免三杯鸡又苦又咸?

A

1. 麻油炒太久会出现苦味,可以用一半麻油一半色拉油爆香,缩短爆香麻油的时间。
2. 鸡肉先用大火爆香,再改成中火慢煮,至汤汁快收干再转成小火,并加入罗勒增加香味,这样汤汁才能又浓又香。
3. 为避免咸味过重,酱油和水合成一杯时,最好掌握1:3的比例,汤汁才不至于越煮越咸,影响口感。

试菜时间 **三杯鸡**

材料

大土鸡腿1个（约300克），蒜头6瓣，老姜1块，辣椒1个，葱2根，罗勒1把。

调味料

蚝油酱2大匙，糖1大匙，米酒、黑麻油各100毫升。

做法

1. 大土鸡腿切大块；老姜、辣椒均洗净切片；葱洗净切段；大蒜去皮备用。
2. 锅中加入黑麻油，放入老姜、蒜头、辣椒、葱白爆香。
3. 加入鸡腿块炒香后，倒入米酒再炒数下，加入调味料烧至汤汁快收干时，加入葱绿、罗勒拌炒数下，起锅前淋上香油即可。

COOKING POINT!

中火烧热麻油避免苦味

三杯鸡味道主要来自麻油的香与姜片的辛,所以要先将这两样材料在锅中炒出味道来才够味,烧热麻油时要以中火慢烧,否则麻油过热会产生苦味,烧热后加入姜片慢慢翻炒,炒至微焦黄即可。

Q 如何预防勾芡结块？

A

1. 若食材先炸过，炒配菜时就不要加太多的油，否则油粉分离会造成勾芡结块，勾芡的芡汁，一定要充分融合，下锅前再搅拌一次，才能避免芡汁中有粉块，造成勾芡结块。

2. 可用尖嘴的量杯将芡汁均匀倒入锅中，或利用筷子让芡汁顺着筷子而下，不断搅拌可预防结块。

3. 倒入芡汁前菜肴要先调好味，否则调味料无法充分被吸收。

试菜时间 柠檬鸡片

材料

鸡胸肉375克，水蜜桃2块，柠檬1／2个。

调味料

A料：蛋白1个，鲜鸡精1／3小匙，淀粉1／2大匙，色拉油1大匙，白胡椒粉、盐各少许。

B料：柠檬汁、芥子酱各3大匙，蜂蜜6大匙，糖3小匙。

C料：香油1小匙。

做法

1. 水蜜桃切成四等份，每块切数刀但不切断，摆入盘中；柠檬洗净，取果皮，切丝备用。

2. 鸡肉洗净，去皮，切片，放入碗中加入**A料**腌渍约10分钟，待入味时捞出，放入热油锅中炸至金黄色，捞出，沥干油分备用。

3. 锅中放入**B料**烧热，制成柠檬酱，放入鸡肉片快速拌匀，捞出前撒上**C料**，盛入盘中，均匀撒上柠檬丝即可。

COOKING POINT!

柠檬酱可搭配其他料理

柠檬酱宜冷宜热，可蘸食生菜沙拉、海鲜，也可拌炒；自制柠檬酱在常温下可保存5天，冷藏则可保存1个月。

勾芡让食材更入味

勾芡可使调味料的味道包裹住原料，让菜色更美观，但若勾芡不当产生结块，不但会造成调味不均，也会影响食物的成色。

Q 怎样避免红烧鸡腿紧缩变形？

A 鸡腿肉有许多白筋，烹调时容易紧缩变形，所以烹调前最好先用刀剁开，切块后再腌渍或烹调，这样就不会因为白筋没有切断而导致鸡腿紧缩变形，炒好的鸡块也会更具咬劲。

试菜时间 栗子烧鸡腿

材料
鸡腿1个（约250克），栗子200克，蒜头10瓣，葱2根，辣椒1个。

调味料
酱油1小匙，蚝油1小匙，糖1小匙，米酒1小匙，胡椒粉1／2小匙。

做法
1. 鸡腿剁切成小块；栗子泡热水，去黑点；蒜头去头尾；辣椒、葱均洗净切段。
2. 炒锅烧热，加入1大匙色拉油，下鸡腿块炒香，放入蒜头、葱段、辣椒段爆炒，再加入所有调味料与栗子焖烧至熟即可。

COOKING POINT!

栗子可先以热水浸泡再挑去栗壳
栗子的缝隙中常留有残余的栗壳，可先以热水浸泡，再以牙签剔除，这样口感会更好。

Part 4 牛、羊肉类

Beef & Mutton

[图解牛的食用部位]

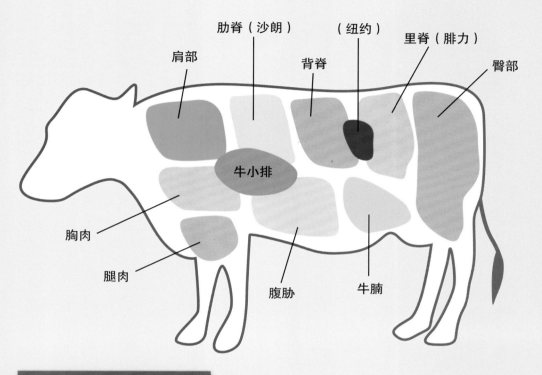

肩部
肋脊（沙朗）
背脊
（纽约）
里脊（腓力）
臀部
牛小排
胸肉
腿肉
腹胁
牛腩

COOKING POINT!

牛的各部位适合的烹煮方式

肩部：炖、红烧、烧烤
肋脊：烤、炸、煎
背脊：烤、炸、煎
里脊：煎、炸、炒
臀部：烤、炖
胸肉：慢煮
腿肉：慢煮
腹胁：炖、烧烤
牛腩：烤、炖
牛小排：煎、烤：煎、烤

牛肉切法

切丝

切片

[判断牛肉熟度的方法]

以两厘米厚的牛肉为例：

三分熟：中火，一面煎5秒，仅有表面微熟。

五分熟：中火，一面煎15秒，熟度较深入肉里。

七分熟：中火，一面煎20秒，几乎快熟了，肉呈淡粉红色，但肉的中心处未熟。

全　熟：中火，一面煎30秒，整块肉从里到外均熟透。

三分熟　　　　　　　五分熟　　　　　　　七分熟

也可以用拇指掐其余指头时拇指下肌肉的柔软度来判断：

五分熟：拇指掐住食指时，拇指下肌肉的柔软度约为五分熟。

七分熟：拇指掐住中指，拇指下肌肉的柔软度约为七分熟。

八分熟：拇指掐住无名指时，拇指下肌肉的柔软度约为八分熟。

九分熟：拇指掐住小指时，拇指下肌肉的柔软度约为九分熟。

当牛肉呈现这种柔软度时，通常有点太硬、口感较不佳。

五分熟　　　　　　七分熟　　　　　　八分熟　　　　　　九分熟

[纽约、腓力、沙朗的差异]

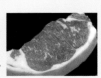

纽约：牛的下腰肉，这个部位的运动量最多，
　　　肉质较粗，但有嚼劲。

腓力：牛的里脊肉，口感最嫩，油花最少，肉汁也较少。

沙朗：牛的肋脊肉，肉质纤维较粗，略带嫩筋，
　　　油花丰富，香甜多汁。

Q 如何炒出滑嫩可口的牛肉丝?

 A

1. 将牛肉洗净放在冷冻库，冰至八分硬度后取出逆纹路切成牛肉丝，放置5～10分钟后，用酱油、姜片、调味料腌一下，临下锅时再拌入蛋黄、油、酒、淀粉抓拌。

2. 腌牛肉丝时拌入1小匙色拉油，炒牛肉丝时油要多，用中小火炒，要一直翻动，让每一根牛肉丝都能均匀受热，如此牛肉丝才不会粘成一团，或者外表干焦内里不熟。

3. 牛肉丝炒到七分熟时盛起，如此便会滑嫩好吃。

INFORMATION NOTES

 牛肉挑选要诀

选购牛肉时以色泽鲜红，没有异味与粘丝者为佳。

 牛肉营养功效

牛肉的营养价值很高，含有丰富的蛋白质、脂肪、维生素和矿物质，身体虚弱、营养不良者宜多吃；牛肉还含有易于被人体吸收的铁质，适合贫血、头昏目眩及产后妇人、运动员、体力消耗大之劳动者食用。

 牛肉变化菜肴

青椒牛肉、芥蓝牛肉、韭菜黄炒牛肉、空心菜炒牛肉、酱炒牛肉、酸菜炒牛肉。

 活用技法：生炒

采用生炒的烹饪法时，由于翻炒速度快、加热时间短，所以食材必须切成丝、小丁或片状，才能在短时间内均匀吸收调味酱的风味。

 试菜时间

牛肉炒干丝

材料

牛里脊肉400克，干丝150克，葱1根，姜2片，大蒜2瓣，红辣椒1个。

调味料

A料：米酒、淀粉各1大匙，酱油1小匙。

B料：糖、盐各1小匙。

做法

1. 干丝洗净用温水泡软；牛里脊肉逆纹切丝，放入碗中加A料腌拌；大蒜去皮，切末；葱、红辣椒去蒂，与姜均洗净，切末备用。

2. 锅中倒入1杯油烧热，放入腌拌好的牛肉丝用筷子搅散，以大火过油至牛肉七分熟时，盛出沥干油分。

3. 另一锅中倒入2匙油烧热，爆香配料，先放入干丝炒熟，再加入牛肉大火拌炒，最后加入B料炒匀，起锅前撒入葱末即可。

COOKING POINT!

干丝挑选要诀

挑选干丝要注意干丝是否条理分明、形状完整，以干丝表面干爽不粘糊、富弹性、不出水者为佳。黄干丝是将白干丝放入含有五香料及焦糖的卤汁中卤制而成，与五香豆干味道接近，香味醇厚；白干丝则味道较淡，比较适合煮汤与凉拌。

逆纹切的牛肉丝易消化

逆纹切适用于肉质纤维粗、结缔组织较多的肉类，逆切后的肉类较易熟、口感好，利于消化吸收。顺切适用于质地细嫩、易碎、含水量多、结缔组织较少的原料，如猪里脊、鸡胸肉、鱼肉，顺切加热烹煮后，较易保存菜肴的形状。

Q 如何更快炖出软嫩的牛肉？

A
1. 牛肉用小苏打腌一下再炖，或是每500克牛肉加入1匙姜汁，放置1小时后再烹调，烹调时加入姜片，或是放点酒或醋，1千克牛肉放2～3匙酒或1～2匙醋，都可增加牛肉软嫩度。

2. 炖牛肉时要用热水，热水可以使牛肉表面的蛋白质迅速凝固，封住肉的鲜味，使牛肉中的氨基酸不外渗，等水烧开后，揭开锅盖20分钟去除腥气后改小火慢炖，肉质才会鲜嫩。

INFORMATION NOTES

 牛腩挑选要诀

新鲜的牛肉，色泽应呈现暗红色或暗紫色，而脂肪部分为纯白色，靠近能闻到清淡的牛肉香味，用手轻轻按压，带有弹性、没有出水现象的肉品，便可以放心购买回家。

牛腩买回家后切成2厘米厚的片，放在金属浅盘中以保鲜膜封好，放入冰箱冷藏库最上层的冰温室，可保存3～4天；若放进急速冷冻室则可保存1个月。将牛腩切片加入洋葱，倒进橄榄油或色拉油调味后冷藏则可以保存约1周，且肉质柔润不干涩。

牛腩变化菜肴

清炖牛肉、咖喱牛腩、葱烧牛腩、匈牙利牛腩。

 牛腩营养功效

牛肉比起猪肉含有更多的铁质，也是蛋白质良好的来源之一，对改善贫血、增强抵抗力很有帮助。

牛腩通常取自牛腹边带有筋肉的部位，也常以牛肋条即条肉部分制作，这个部位的牛腩油花多且带筋膜，肉质软嫩，富有嚼劲，最适合清炖或红烧，如牛肉炖汤、红烧牛腩、咖喱牛肉，或是制成串烧，口味都很好。

 试菜时间

红烧牛腩

材料

牛腩600克，胡萝卜200克，白萝卜200克，葱2根，姜15克，八角2颗，红辣椒1个。

调味料

A料：黄砂糖2大匙。

B料：酱油4大匙，白胡椒粉、米酒各1小匙。

做法

1. 牛腩切块，放入沸水中汆烫去血水，捞出，沥干水分；葱洗净、切段；姜去皮、切片；红辣椒洗净、切斜片；胡萝卜、白萝卜分别去皮、洗净、切块。

2. 锅中倒入2大匙油烧热，加入A料，炒至糖融化；加入牛腩炒匀，再加入葱、姜及B料将牛腩炒至五分熟。

3. 将牛腩移入深锅，倒入2杯水，以大火煮开，再改小火，加入八角、红辣椒、胡萝卜、白萝卜煮至牛腩熟烂即可。

COOKING POINT!

加冰糖煮牛肉肉质更软

炖煮牛肉的过程中可以加入冰糖，这样会让牛肉颜色光亮也可以软化肉质；盐要最后起锅前再放；水要放足，若水放少了途中需加水，只能加入热开水。

牛腩炒过再煮风味更好

牛腩汆烫过后，不妨放入锅中炒到五～六分熟，再加水和调味料直接炖煮，或移入砂锅或陶锅炖煮时便会比较容易烂，且能保持它的原味。如肉质已经变硬，可以用沾醋的叉子叉入肉里，放置30分钟后便可软化肉质，因为醋的用量不多，故不会影响牛肉的风味。

 活用技法：炖煮

不同食材一起炖煮时，因各种食材煮至软烂所需的时间不同，所以不易煮烂的食材一定要先煮，例如肉类，要先汆烫、去血水之后捞出，锅中重新加入清水煮沸后再加入，这样煮出的汤汁才不会混浊，待肉类煮至恰当的熟度时再加入其他的配菜，最后加调味料，这样才可避免材料软烂程度不一。

Q 冰牛肉可以直接过油吗？

A
1. 如果时间急迫，可以把腌拌过的冰凉肉料直接下锅过油，但是油温要高一点，或者在腌拌肉料内加一点冷油一起搅拌，这样可避免冰冷肉料一下油锅，肉身上的粉料脱落而粘成一团，影响口感。
2. 牛肉过油时，油量要多，火要大，搅拌速度要快，过油约1分钟左右即可熄火，且要沥干油分，否则牛肉的肉质很快就会变老。

试菜时间 黑胡椒牛柳

材料
牛肉300克，洋葱、青椒各1／2个，辣椒1个。

调味料
A料：酱油1大匙，淀粉、香油、鲜鸡粉各1小匙，米酒2小匙，小苏打粉1／2小匙。
B料：黑胡椒粒、盐、鲜鸡精各1／2小匙，淀粉水1小匙，米酒1大匙。

做法
1. 洋葱去皮，切丝；青椒、红辣椒均去蒂及籽、洗净、切长条。
2. 牛肉切条，放入碗中加入A料抓拌均匀并腌15分钟，再放入温油锅中略过油后，捞出，沥干油分备用。
3. 锅中倒入少许油烧热，爆香洋葱丝后放入牛肉条及其它材料拌炒一下，加入B料炒至入味即可。

COOKING POINT!

用牛油取代色拉油爆香

　　想要黑胡椒牛柳滑嫩顺口，须先将牛肉放入温油锅中烫至七分熟，避免直接投入热油中，以免牛肉变老，烹调时用牛油代替色拉油爆香洋葱，口味香浓又鲜嫩入味。

烹调前用冷水解冻

　　牛肉在急冻过程中，纤维中的蛋白质及肉汁会形成结晶体，因此冰箱里的牛肉拿来烹调前，要先把牛肉连袋子一起泡入冷水中解冻，这样才可以恢复牛肉的美味鲜嫩。

如何卤出软硬适中的牛腱？

A

1. 卤牛腱时要先将牛腱汆烫，再用热油锅爆香葱段、姜片、红辣椒、蒜片，再淋上米酒或红酒，然后加少许水、酱油、盐、冰糖、牛腱、卤料装进卤包用大火煮滚后，改用小火焖煮约90分钟。

2. 焖煮过程中不要掀开锅盖，待牛腱冷却后先取出卤包，将牛腱放入冰箱冷藏一夜，隔天再拿出来切片，这样就可以吃到软硬适中又入味的卤牛腱了。

试菜时间

卤牛腱

材料

牛腱1000克，西芹200克，大蒜4瓣，红辣椒两个，洋葱1个，老姜10片。

卤料

八角2颗，月桂叶2片，肉桂1支，丁香10个，花椒15粒。

调味料

酱油500毫升，冰糖1大匙，米酒200毫升，豆瓣酱4大匙。

做法

1. 西芹洗净、切大块；大蒜去皮，拍碎；红辣椒洗净，去蒂切段；洋葱去皮，切块。

2. 牛腱切块，汆烫去除血水，洗净；卤料装入纱布袋中封紧。

3. 锅中倒入适量油烧热，放入老姜煸干，再倒入3500毫升清水，加入牛腱、卤包及调味料煮开，改小火卤约1小时至牛肉熟烂时捞出，切片后装盘即可。

COOKING POINT!

小火慢卤才入味

汆烫去腥后，将牛肉放入调好的卤汁中，以小火慢煮，这样能使卤汁完全渗入材料更入味。因牛肉遇热会收缩凝结，释出血水，故牛腱要提前汆烫后再入锅卤煮，这样外观会比较干净。

如何做出蛋滑肉嫩的滑蛋牛肉?

A

1. 牛肉要逆纹切薄片，以水淀粉或蛋白液抓拌一下，滑炒前一定要过油，再加入滑蛋，打蛋时不可加水。

2. 滑蛋牛肉讲究的是蛋汁凝而不结，吃入嘴中还有蛋汁滑动的感觉。蛋汁入锅后，锅铲快速顺同一方向绕圈搅拌，可避免蛋汁凝结成块，直至蛋汁炒成黏稠状，即告完成。

试菜时间 滑蛋牛肉

材料

牛肉150克，鸡蛋3个，葱末1大匙。

调味料

A料：糖、嫩肉粉、酒各1／2小匙，水淀粉1大匙，胡椒粉少许。

B料：盐适量。

做法

1. 牛肉切片，放入碗中，加入A料拌匀，腌约10分钟。

2. 鸡蛋打散，加入B料拌匀。

3. 锅中倒入3大匙油烧热，放入牛肉片，翻炒数下，加入蛋液，炒至蛋呈半凝固状时熄火，盛起并撒上葱末即可。

COOKING POINT!

调味料可去腥增色

通常炒牛肉片时都会搭配一些味道较重的调味料或酱料，例如酱油、豆瓣酱、沙茶酱等，这样可以去除牛肉的腥味，味道也会比较佳。

Q 如何避免煎出干硬的汉堡肉？

A
1. 由于牛肉本身缺乏油脂，因此在做汉堡肉时一定还要添加一些猪肉一起搅拌，这样吃起来口感才不会过于干涩。
2. 如怕太过油腻，可加一些洋葱末来化解，从而使汉堡肉的口感更富层次和变化。
3. 用手抓拌汉堡肉时可利用手的温度将油脂融化，使搅拌更均匀，另外用手将汉堡肉在案板上摔打一段时间，可使其更有弹性并富有肉汁。

试菜时间 煎汉堡肉

材料
牛绞肉200克，鸡蛋1个，猪肥肉50克。

调味料
A料：酱油、盐、糖各1小匙，米酒、胡椒粉、淀粉各2大匙。

做法
1. 鸡蛋敲出适当宽的裂缝，滤出蛋白至碗中。
2. 猪肥肉洗净沥干，与牛绞肉一起剁碎成泥。
3. 将肉泥放入碗中，加入A料及蛋白拌匀并甩打出弹性。
4. 捏出适当大小的肉丸，在手心摔打数次，放入温油锅中煎至金黄即可。

COOKING POINT!

蛋白增加汉堡肉嫩度
牛肉泥在抓拌的过程中会吸收水分，因此搅拌时加入1/4杯的水，并加一些蛋白，可让牛肉的口感更加滑嫩。

肉汁透明就起锅
煎肉时用竹签刺入汉堡的中心部分，如果流出的肉汁为透明的，即表示肉已经熟透，要及时盛出，以免煎得过久使肉质老硬。

Q 如何煎出焦香多汁的牛排？

1. 可先用嫩肉粉、小苏打或是洋葱泥腌牛排，腌30分钟左右即可下煎锅，这样会让牛肉软嫩；但切记不可腌过久，否则煎出的牛肉就会太软烂，口感欠佳。

2. 煎牛排一定要用平底锅，要热锅热油，不宜加太多油。

3. 牛排下锅后先用大火，第一面煎久些，到适当的熟度后再翻面，翻面后改中小火略煎一下，不要反复翻动，以免肉汁流失。

4. 锅的余温也会使牛排变老，因此，煎牛排时，在达到想要的熟度之前要先熄火，利用锅子的余温继续加热，才不会让牛排过老。

牛排挑选要诀

　　选择樱桃红色泽的牛排，用指头按一下，肉质会有弹性；通常美国牛排应有白色的大理石纹脂肪，而澳洲牛排则偏黄色；注意包装袋是否确实够冷且无破洞、无撕裂、无过多的液体血水。

牛排变化菜肴

　　不同熟度的牛排口感不同，可以用触感来分辨牛排的熟度：生煎的牛排触感像脸颊一样柔软；五分熟的牛排触感像耳朵；全熟的牛排就像鼻头的硬度一样。牛排的熟度也可以肉汁的颜色来判断：肉汁尚未渗出时为生煎；渗出的肉汁是红色即为五分熟；若肉汁是粉红色，就已经全熟了。

牛排营养功效

常吃的牛排种类：

　　腓力牛排：牛排中最嫩的部分，瘦肉较多。

　　沙朗牛排：无骨，是牛肋脊肉，肉质细嫩度、脂肪量次于腓力，吃起来较不干涩。

　　纽约牛排：带骨，肉质较粗一点，嚼劲够。

　　肋眼牛排：喜欢肉嫩又肥的人可选择。

　　丁骨牛排：烧烤是最佳烹调方式。

　　牛小排：肉结实，含脂量较高，适合烧烤，如炭烤牛小排及串

煎牛小排

材料

牛小排400克，洋葱1／2个，大蒜3瓣。

调味料

A料：米酒、酱油各1大匙，淀粉1／2小匙。

B料：蚝油2大匙，黑胡椒、糖各1小匙，红葡萄酒1大匙。

做法

1. 牛小排切块，放入碗中，加入A料拌匀并腌10分钟。

2. 大蒜去皮，切末；洋葱去皮，洗净，切丝。

3. 锅中倒入1大匙油烧热，放入牛小排煎至两面金黄，盛出。

4. 锅中留余油并加1大匙油继续烧热，放入洋葱、大蒜炒至熟软，再加入B料以大火炒匀，最后加入牛小排炒匀即可。

COOKING POINT!

红酒腌肉让肉质较软

煎牛排之前，用刀背敲打肉片，这样可以敲断肌肉细小筋络，煎出来的肉排才会嫩而不硬，腌料中加一些红酒，红酒中的酸可以使牛小排煎后肉质不硬；洋葱要炒至透明才够软，香味能完全释出。

过熟牛排的补救方法

牛排煎过熟时加少量红酒，略烧一下再熄火，就可以保持原味，也不会变得干涩；万一牛排肉质老硬，可先将洋葱、胡萝卜、西芹菜叶剁碎，泡在色拉油里，再将牛肉放入其中腌上2～3个小时，之后煎出的牛排就会鲜嫩无比。

 活用技法：煎

用煎的方式烹调出来的菜肴，最大的特色是外皮香酥、内里软嫩，且不带有汤汁。最好适合挑选质地软嫩的材料，在下锅煎之前，必须做适当的调味或腌渍，让材料入味，也可以将食材均匀沾上蛋糊、面糊或面包粉，煎锅一定要够热才加油，而且要等到油温够热才可以放入材料，否则材料一入油锅后，油温下降，很容易发生粘锅的情况，不但影响美观也破坏了食物的美味。

Q 如何去除羊肉的膻味?

1. 羊肉膻味重,在沸水中加入数滴白醋,放入羊肉汆烫,捞出后再继续烹调,或是在水中放入米酒再汆烫羊肉,都可有效去膻味。
2. 将切好的羊肉,用牛奶浸泡10分钟,也可去除羊膻味。

试菜时间 家常羊肉炉

材料

羊腩500克。

调味料

味精、盐各1大匙,水6碗。

卤料

玉桂皮1块,草果2粒,当归3片,川芎2两,陈皮25克,八角2粒,玉桂叶3片,酒1碗,白豆乳1/4罐,麻油1大匙,冰糖50克。

做法

1. 羊腩洗净,切成块状,用沸水汆烫后备用。
2. 羊腩、卤料与调味料一起放入锅中,用小火熬卤至烂即可。
3. 炖煮时可依喜好随意加入其他材料,如山药、白菜、胡萝卜、冻豆腐等,但记得要随时捞出浮沫,保持汤汁的清澈。

COOKING POINT!

香草沾酱风味佳

羊肉炉做好后可以蘸食由豆腐乳、甜辣酱、辣椒酱搅拌而成的蘸酱,分量可以自行拿捏,加上新鲜罗勒、欧芹、鼠尾草等风味更佳。

羊肉营养笔记

羊肉食性温热,含有丰富的铁质,对肺病、贫血、体质虚弱者非常有益,适宜冬季进补食用,尤其适合老年身体虚弱、冬天手足不温者,可抵御风寒、补养气血、增加抵抗力及抗寒能力。凡在流行性感冒、急性肠炎、痢疾,以及一切感染性疾病发热期间,忌食羊肉;高血压患者,平常肝火偏旺、虚火上升之人,亦忌食羊肉。

Part 5 蔬菜类
Vegetable

[蔬菜刀切技巧]

垂直切

1. 手握住刀柄，食指扣住刀柄与刀背处。

2. 手指微微向内弯，成猫爪状，刀背贴住手指关节往下切。手指往后移动的距离，决定下刀时切的厚度。

横切

刀拿水平握住，握刀的大拇指压住刀背，另一手压住食材上方平行切过去。

COOKING POINT!

如何分辨何时该垂直切或横切？

垂直切适合切笋、白菜、萝卜等无骨、较脆的食材；横切适合较为松软的食材。

切片

1. 将食材切成适当大小的块状。
2. 一手成猫爪状，另一手握刀垂直切下。
3. 也可以横切。

切末

1. 先切成片状或小丁。
2. 再聚集一起，刀口落点密集地来回剁。

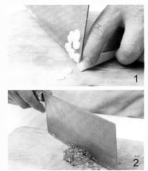

切条

1. 先切厚片。
2. 再将片切成宽度与厚度一样的条状。

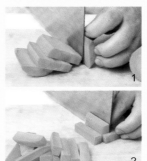

切丝

1. 切成薄片状，稍微重迭摊开。
2. 手压住薄片，手指成猫爪状，每刀幅度不超过0.3厘米。

切滚刀块

一手握住食材，刀口斜切，每切一刀另一手就将食材滚一下。

Q 蔬菜要用冷水煮还是热水煮？

A

1. 根茎类：如红白萝卜等较硬的食材以及土豆、蕃薯这类富含淀粉的食材，都要放入冷水中煮，才能煮出甜味并且煮软。煮绿竹笋时可在冷水中先加入米糠和辣椒，这样更容易除去外壳。将食材切小块一点，会熟的比较快。

2. 叶菜类：是比较容易熟的食材，煮的太久会变黄、口感不好、流失养分，直接在水沸后加入少许盐，再放入蔬菜，这样可以保持翠绿色泽。

INFORMATION NOTES

蔬菜烫煮勿过久才能维持营养

烫煮蔬菜要注意控制好时间，烫煮时间不能过久，汆烫后要马上捞出放入冷水中降温，这样才能保持蔬菜的鲜度。烫好的蔬菜加点麻油或猪油之类的熟油，可保持蔬菜光泽不变色，又能隔绝空气避免氧化，从而减少维生素C流失。

 西兰花挑选要诀

西兰花要选择呈深绿色，花蕾没有开花，切口新鲜，没有裂开者，清洗时先在盐水中浸泡5分钟，再在流水下冲洗。西兰花放在常温下容易开花，可装入保鲜袋中，直立放在冰箱的冷藏室，但不宜久放，以免营养和风味流失。

 西兰花营养功效

西兰花含有丰富的维生素C、胡萝卜素、维生素B₂、钾和钙质，可以促进皮肤和黏膜的健康，预防感冒，消除黑斑、雀斑，发挥美白效果，还可以预防动脉硬化，预防心脏病等心血管病。西兰花中含有丰富的膳食纤维，可以维持人体正常的血糖值，同时，由于西兰花中含有促进胰岛素效果的成分，故也有助于改善糖尿病，降低血压、预防感冒。

 西兰花变化菜肴

西兰花炒墨鱼、蒜炒西兰花、蚝油西兰花、干贝炒西兰花。

试菜时间

防癌五色蔬

材料

西兰花100克，花菜30克，玉米笋50克，鲜香菇6～8朵，红甜椒1个。

调味料

盐1小匙，味酥1大匙，水果醋2大匙，橄榄油少许。

做法

1. 西兰花、花菜均洗净后切成小朵；玉米笋洗净、切半；鲜香菇洗净；红甜椒洗净，去蒂及籽，切成小丁备用。

2. 锅中倒入半锅水煮沸，分别放入花菜、西兰花、玉米笋、鲜香菇及红甜椒氽烫至熟，捞出，沥干水分，盛入大碗中。

3. 将调味料充分搅拌均匀，再倒入盘中与所有材料拌匀即可。

COOKING POINT!

烹煮十字花科菜类的诀窍

花菜带有少许涩汁，可以氽烫一下后使用，在氽烫时加些醋或柠檬汁，可以使花菜更白。花菜及绿花菜茎中的营养比花菜及绿花菜本身更丰富，故最好连同茎一起食用，烹煮前，将外皮剥除，再稍微氽烫一下，可避免维生素C流失。

活用技法：氽烫

氽烫蔬菜时先加入米酒、色拉油和一点盐，可让蔬菜带有特殊甘甜口感，并且光泽油润；夏天时，可将烫好的蔬菜放入冰箱冷藏，吃时再取出淋上酱汁食用，基本上各式蔬菜都可以氽烫之后食用，只要烫至颜色翠绿即可捞起，千万不能用生水烫煮，否则很容易导致蔬菜过生或过老。

Q 如何保持凉拌菜口感清脆？

A 1. 凉拌菜最好是现拌现吃，如果有些凉拌菜要先放入冰箱冷藏，则不可加入酱汁，要上桌食用时再加酱，一般凉拌菜要在30分钟内食用完毕，因为很多凉拌蔬菜会在室温下持续出水，容易冲淡酱汁且失去清脆口感。

2. 做凉拌菜时，一定要等到食材放凉后再一起拌匀，避免一冷一热造成食材变酸。

试菜时间 凉拌菜豆

材料

菜豆300克，大蒜3瓣，红辣椒1个。

调味料

色拉油、麻油各1大匙，盐1小匙。

做法

1. 菜豆摘去头、尾，洗净，切成约4厘米长的小段；大蒜去皮，切末；红辣椒去蒂，洗净，切丁。

2. 锅中倒入半锅水煮沸，放入菜豆烫熟，捞起，沥干水分，盛入盘中，待凉，加入调味料搅拌均匀，撒上大蒜和红辣椒即可。

COOKING POINT!

凉拌时先放佐料再放盐

食用前再加盐是凉拌菜好吃的秘诀，凉拌菜调味顺序是先加入佐料如花椒油、芝麻油、糖、醋，使菜入味、爽口，等食用前再放盐，因为如果加盐后凉拌菜放置过久，食材会容易出水，使营养流失，又影响口感。

炒菜时该何时放盐？

A
1. 使用花生油，请先下盐，后放菜，因为花生油中可能含有黄曲霉菌，盐里的碘化物可以去除这种有害物质。
2. 使用动物性油，可先下盐，后放菜，这样可以减少动物油内有机氯的残留。
3. 使用大豆油或菜油则要先放菜，后下盐，这样可减少蔬菜中养分的流失。

试菜时间

腐皮炒菠菜

材料
菠菜300克，腐皮1块，蒜末1小匙，姜片2片。
调味料
米酒、香油各1小匙，盐1／2小匙，清水30毫升。
做法
1. 菠菜洗净切段，腐皮切丝，姜片切成丝。
2. 锅中加入1大匙油烧热，爆香蒜末、姜丝，放入菠菜及调味料大火快炒均匀，炒至菜叶软化即可。

COOKING POINT!

炒出脆嫩菠菜的秘诀

夏天生产的菠菜，营养只有冬天的一半，因为草酸成分减少了，因此夏天的菠菜可以生吃；炒波菜时，一定要大火、热油，这样炒出来才会脆嫩；为了避免营养在清洗时流失，蔬菜类一定要洗净后再切。

菠菜营养价值高

菠菜被称为"绿色蔬菜王"，挑选菠菜时，要注意叶片颜色呈深绿色者营养价值更高。菠菜可以降低血压、预防贫血，有助于预防感冒、贫血以及高血压、癌症等疾病。同时还具有润肠的作用，有助于改善便秘，消除肠胃的燥热，缓解糖尿病患者的口渴和排尿困难的症状。

Q 炒青菜时如何保持菜色鲜绿？

A
1. 炒青菜时要用大火热油，快速翻炒，尤其含水分多的蔬菜，更需足够的火力，这样炒出的蔬菜才会脆嫩鲜美。
2. 叶菜类的小白菜、空心菜、菠菜、豆苗要在锅中油热后先加点盐，然后蔬菜立即下锅快炒，这样炒出来就会颜色鲜绿。
3. 花果菜类的西兰花、四季豆、豌豆等，就要先把食材洗净，放入加盐沸水中汆烫，捞起后沥干水分，再下锅快炒。
4. 若蔬菜为配菜，如青椒等，则要在炒之前先热一锅油，将材料下锅过油，取出沥干油后加入主要材料拌炒，这样可使蔬菜保持鲜绿并让成菜更加鲜艳美观。

INFORMATION NOTES

芥蓝菜挑选要诀

芥蓝菜以叶片饱满、翠绿，没有枯黄，梗茎幼嫩者最佳；平日保存时可以用纸将芥蓝菜包起来，放入打洞的塑料袋内，存放于冰箱的蔬菜室，通常可以保存1周左右，但营养会逐渐流失；烹饪前要将芥蓝菜浸泡在水中5分钟，然后用流水充分冲洗，以免农药残留。

芥蓝菜变化菜肴

芥蓝菜炒牛肉、芥蓝菜扒蟹脚、麻油炒芥蓝菜、芥蓝菜炒鱼片。

芥蓝菜营养保健

芥蓝菜属于微凉性的蔬菜，可以消除因体内虚火上升引起的牙龈肿起、出血等症状，并含有丰富的钙质，可以缓和失眠症状，预防骨质疏松，清洁血液，促进新陈代谢。芥蓝菜还能预防感冒及癌症。

试菜时间 蚝油芥蓝菜

材料

芥蓝菜300克，水淀粉1大匙。

调味料

蚝油、酱油各1／2大匙，绍兴酒2小匙，香油1小匙，高汤1／2杯。

做法

1. 芥蓝菜摘除老叶，切去硬梗，再洗净，切长段备用。

2. 锅中加入半锅水烧沸，加入1大匙盐，放入芥蓝菜烫熟捞起，沥干水分，排入盘中。

3. 另起锅，加入1大匙油，将调味料煮沸，用水淀粉勾芡，淋在芥蓝菜上即可。

COOKING POINT!

水沸后加盐和油

　　汆烫时，如果烫太久，不仅会使叶片变黄，而且容易导致营养流失，可以在水沸腾后，加入少许盐和油，加入芥蓝菜漂一下，迅速捞起，不仅色泽鲜艳，口感也十分清脆。

切好的蔬菜要立即下锅

　　蔬菜含有丰富的水溶性维生素，易由刀口处溶解流失。茎叶类蔬菜含水分较多，如果切得太细小，不仅维生素等营养成分容易从零碎过多的切口流失，还会失去脆嫩的口感，而且在烹调的过程中，会产生过多水分，使得菜相不佳，影响口感。

 活用技法：蔬菜烹调

快火炒法：用大火热油快炒，蔬菜的青绿不会变色，养分也不易流失。

汆烫法：先将青菜汆烫，捞出沥干水分后，再下锅炒，炒出的菜即可保持原色。

水煮法：在烧开的水中加入少许盐，再把蔬菜整棵从根部放入其中煮，捞出后放入凉开水中冷却，除去水分后再炒即可。

凉拌花菜烫过要泡冷水吗?

1. 烫过的西兰花或菜花不需要再泡冷水,直接取出沥干即可,沥干的过程中,余热会使菜慢慢变熟。如果再次浸泡冷水会让西兰花或青菜花的甜味流失,失去清脆口感。
2. 不论是西兰花或菜花,都要用加了盐的沸水去烫,烫到有点硬的状态即可,不需要烫太久。
3. 菜花带有少许涩汁,汆烫时,水中加些醋或柠檬汁,就可以使菜花更白,菜花茎中的营养比菜花本身更丰富,可连同茎一起食用。

 试菜时间 **凉拌菜花**

材料
菜花250克,胡萝卜50克,红辣椒1个。

调味料
醋1大匙,盐1小匙,糖1／2大匙。

做法
1. 菜花切小朵,洗净;胡萝卜去皮,洗净,切片;红辣椒去蒂,洗净,切斜段。
2. 锅中倒入半锅水煮沸,放入菜花及胡萝卜煮熟,捞起,沥干水分,盛入盘中,加入红辣椒和调味料搅拌均匀即可。

COOKING POINT!

菜花抗氧化能力佳

菜花中富含的维生素C能有效对抗细菌和病毒,增加身体抵抗力,并预防雀斑和黑斑,美化肌肤;含有的酵素有助于分解胆固醇,预防动脉硬化;含有的膳食纤维可以促进肠胃蠕动,将累积在肠胃的代谢废物排出体外,预防大肠癌等消化系统的癌症。

Q 豆芽菜怎么煮才不会变黑？

A 豆芽菜变黑是因为没有水分，所以买回来的豆芽菜必须先泡水。另外，把根须去掉也可以避免豆芽菜变黑。

试菜时间 豆芽菜水煮五花肉

材料

豆芽菜200克，猪五花肉片200克，葱1根，蒜头5瓣，香菜1根。

调味料

川味辣豆瓣酱2大匙，辣油、米酒1大匙，糖、鸡精各1小匙，胡椒粉少许。

做法

1. 葱、蒜头均切末，香菜切段。
2. 炒锅烧热，下少许沙拉油，将葱末、蒜末与辣豆瓣酱放入爆香，再加入2碗水与调味料一起煮沸。
3. 加入猪五花肉片与豆芽菜一起煮熟，起锅前撒上香菜即可。

COOKING POINT!

茎粗肥短壮的豆芽菜的口感较脆

不管是绿豆芽或黄豆芽，均以茎肥短而壮、长4～5厘米、呈现乳白色，折断的声音清脆、根部没有腐烂为最好。如果根部呈现透明色，则表示脆度不够。

Q 空心菜如何炒才不会变黑？

A
1. 必须先将锅子烧热，再倒入油烧至温热后，加入蒜末爆香，再加盐，然后投入空心菜，以大火迅速炒熟。
2. 若是锅中水量太少，必须加入热水或少量米酒，除可增加风味外，还可避免因温度下降延长炒熟时间而导致的空心菜颜色变黑。

试菜时间 虾酱炒空心菜

材料
空心菜300克，蒜末1小匙，辣椒1个。

调味料
虾酱1／2大匙，米酒、清水各1大匙，糖、香油各1小匙。

做法
1. 将调味料混合调匀备用。
2. 空心菜洗净，切段；辣椒去蒂，剖开去籽切丝。
3. 锅中加入1大匙油烧热，爆香蒜末、辣椒丝，放入空心菜及调味料大火快炒均匀，待菜软化即可。

COOKING POINT!

调味料应在八分熟时加入

空心菜较涩，可以选择用猪油炒，这样炒起来会特别香，而且猪油还具有柔化口感、去除涩味的效果。放油后要用大火快炒以免菜色变黄，调味料在空心菜炒至八分熟时即要加入，否则待调味料炒匀时菜就过熟了。空心菜可以炒、氽烫，茎干中含有丰富的叶绿素和膳食纤维，食用时最好连茎一起吃。

空心菜的保健功效

空心菜中所含的钾，可以调节体内的钾和钠平衡，将盐分排出体外，能有效降低血压；所含的膳食纤维可以促进肠胃的蠕动，消除宿便，去除因为肠胃不佳而造成的口臭；所含的维生素C可以消除浮肿，养颜美容，有助于降低血液中的胆固醇，减少静脉中血栓的产生，还可以和维生素A一起发挥抗癌的作用。

如何炒出脆嫩无涩味的菠菜？

A 1. 除了要大火热油，油要多一些外，可先在油中加入盐，再放入菠菜，这样菠菜很快就熟，可缩短炒的时间。

2. 起锅前可加点料酒，可让菠菜更清脆好吃。

3. 将水烧开后，把菠菜放入开水中汆烫2～3分钟，这样能去除菠菜的草酸与涩味。

试菜时间　炒菠菜

材料

菠菜300克，大蒜3瓣。

调味料

盐、米酒各1大匙。

做法

1. 菠菜放入水中洗净，沥干，切成段备用；大蒜去皮，拍碎，切末。

2. 锅中倒入2大匙油烧热，放入大蒜爆香。

3. 加入菠菜以大火炒熟，加入调味料炒匀即可。

COOKING POINT!

多吃波菜可预防感冒

菠菜含有丰富的维生素C、β胡萝卜素和铁质，有助于预防感冒、贫血以及高血压、癌症等疾病。

快炒青菜的诀窍

大火快炒的菜多数不必加水，以免菜色变黄，但是，像空心菜、菠菜、豆芽菜、苋菜、菜心等绿色蔬菜会吸油，炒菜时要多加点油；萝卜、西兰花、冬瓜等根茎类或瓜果类蔬菜比较不吸油，炒时就要加点水改小火焖煮，这样口感才不会生硬。

做奶油烤白菜的时候面糊要注意什么？

1. 奶油烤白菜的面糊要用面粉炒，而炒面粉技巧在于将干锅烧热后，放入奶油烧融，再加入面粉，用小火耐心地炒香，千万不可炒焦，再加上奶水及高汤稍煮，让汤汁慢慢变浓，这种勾芡法会使菜肴充满了奶油香。

2. 避免面糊结块：在高汤和面糊混匀时，应徐徐地将高汤加入面糊中，先把一部分的汤和面糊拌匀后，再加入一点高汤，如此就能避免汤中出现结块的现象。

3. 面糊的浓度直接影响吃起来的口感，把面糊炒得太稀，就再调比例1：1的面粉水，直接加入面糊内再炒。如果喜欢吃起来的口感黏稠一点，可以先炒融一大匙的奶油，再加入2~3大匙面粉炒香，最后加入2大匙鲜奶调匀来制作面糊。

4. 烤奶油白菜不宜用淀粉，因为水淀粉很容易吸干汤汁，无法让奶香入味。

INFORMATION NOTES

白菜挑选要诀

　　一年四季都产白菜，但冬季是盛产季节，冬季产的白菜口感特别甜美。挑选白菜时，要选择叶片紧密、底部的切口新鲜，拿在手上有沉重感者。如果是切开的1/2或1/4颗白菜，要选择切口没有隆起者。清洗时要注意，白菜最外侧叶子接触农药的机会较大，所以不要食用，摘除后将剩余的白菜在水中浸泡5分钟后，再用流水冲洗1分钟即可。

白菜变化菜肴

　　开阳白菜、香菇白菜、酸白菜、泡菜、烩白菜。

活用技法：烤

　　暗炉烤的技法是指将大块材料腌至入味，放入密闭式烤箱烤熟。由于烤箱中的温度较易保持，而且材料受热均匀，因此烘烤食物较易入味。

试菜时间 **奶油烤白菜**

材料

大白菜300克，火腿片2片，虾米1大匙，红葱头、大蒜各2瓣，奶油1小块。

调味料

A料：盐1／2小匙，胡椒粉1／3小匙。

B料：面粉3大匙。

C料：鲜奶油1／2杯，高汤1杯。

做法

1. 烤箱预热至180℃；白菜洗净，切大块；虾米泡水，洗净；火腿片切小丁；红葱头、大蒜去皮，切末备用。

2. 锅中加入1大匙油烧热，放入红葱头末、蒜末爆香，依序加入虾米、火腿、大白菜及A料拌炒，炒至白菜出水熟软，盛起，沥干汤汁，放入烤皿中。

3. 锅中加入1大匙奶油烧热，加入B料炒香，再加入C料，边煮边搅拌至浓稠后浇入烤皿中，顶层摆上1小块奶油，放入烤箱中，以180℃烤约20分钟即可。

COOKING POINT!

烤白菜美味秘诀

烤白菜烹饪流程：食材处理→煎至食材上色→炖煮所有材料→摆放烤皿→烘烤→完成

烤箱温度：180℃

烘烤时间：20分钟

 白菜营养功效

大白菜有降低血压、消除便秘、利尿的功效。大白菜最主要的营养是维生素C，热量极低，又富含钾质，有助于将钠排出体外，降低血压，还具有利尿作用，能消除身体浮肿。大白菜还含有β胡萝卜素、铁和镁，镁有助于促进钙质的吸收，促进心脏和血管的健康。

Q 大白菜如何烹煮才入味?

A
1. 大白菜含水分较多,煮好的菜肴常容易产生很多水分,让调味不好控制,所以炒大白菜时要先用大火炒除水分,再放入调味料,或是在下锅前先用沸水烫熟,这样能让大白菜更轻易地煮至软烂和入味。
2. 炒大白菜可以加入虾米,让菜更有鲜味,也可以加入肉类,让大白菜的维生素更容易吸收。

试菜时间 烩大白菜

材料
大白菜300克,虾米35克,姜20克,胡萝卜30克,柳松菇30克。

调味料
水淀粉2大匙,盐1/2大匙。

做法
1. 大白菜对半切开,去除头梗,剥开叶片,洗净,切片备用。
2. 虾米放入温水中泡软,捞出,沥干水分;柳松菇洗净;姜洗净,切片;胡萝卜去皮,切片。
3. 锅中倒1大匙油烧热,爆香姜片、虾米,放入大白菜、胡萝卜、柳松菇,以中火炒至变软。
4. 加入调味料,以大火炒均匀即可。

COOKING POINT!

第三、四层大白菜叶适合炒

大白菜的硬梗不易熟烂,所以要先去掉再烹调;最外层的一、二层老叶适合腌渍泡菜、做白菜包子内馅;二、三层适合做饺子内馅;三、四层含水量大,适合炒菜;五、六层鲜嫩,做各种菜皆适合;菜心适合凉拌和做菜汤。

大白菜变化菜肴

酸辣白菜:将白菜切好放入锅中,在沸水中烫2分钟再取出沥干;取干净的碗,先放上一层白菜,加入少许盐,加上醋及少许糖和辣椒,一层白菜一层调味料放好,再放置半天即可食用;除可以直接食用外,还可以再加入肉类一同拌炒。

Q 圆白菜如何炒才甘甜？

A

1. 圆白菜的甜度很高，尤其是高山种圆白菜，要先用大火炒至菜叶出水变软，加点水盖上锅盖，以小火焖煮至熟，才能将其甜性完全发挥。

2. 冬天的圆白菜较硬，适合煮火锅，春天的圆白菜口感清甜，可以生吃。圆白菜所含有的维生素C是水溶性维生素，所以汆烫、快炒和炖煮等加热过程中，营养会流失一半，生吃或煮汤食用，才能将溶解的营养也一起摄取到。

试菜时间 西红柿炒圆白菜

材料

圆白菜400克，西红柿1个，大蒜3瓣，葱1根。

调味料

米酒1大匙，盐1小匙。

做法

1. 圆白菜对半切开，并切去菜梗，将叶片剥下并撕成小片，洗净沥干水分。

2. 大蒜去皮，切末；西红柿洗净，切成月形片状；葱洗净、切段。

3. 锅中倒入1大匙油烧热，爆香蒜末、葱段，放入西红柿炒香，加入圆白菜，以大火翻炒，并倒入1／4杯水及调味料炒匀，加盖转小火焖烧至熟即可。

COOKING POINT!

沉重感的圆白菜口味较甜

选购圆白菜时应选外叶呈深绿色、富有光泽，切口新鲜、叶片紧密，握在手上感觉十分沉重者，其口感较甜。外叶容易残留农药，最好将外侧的叶子摘除，然后将叶片在水中浸泡5分钟后，放在流水下清洗，清洗时要一片一片仔细冲净。

如何防止切好的茄子变黑？

1. 切好的茄子和空气接触很容易就变黑，茄子切好后马上放入清水中或盐水中浸泡5分钟，可以防止茄子变黑。若是立即要下锅，可以不用泡水，直接下锅烹饪即可。

2. 先将切好的茄子用盐腌一下，等茄子出水后再把它挤掉，然后下锅；或是用盐水抓洗茄子后挤出盐水，然后用冷水清洗一下，甩掉水分再下锅，也能防止茄子变黑。

变化菜肴：蒸茄子

将茄子洗净后切段，排好在蒸盘上，再放入煮沸的蒸锅里，用大火蒸10分钟左右，取出倒掉多余的水分备用；用蒜末、香油、糖及酱油膏调匀做好酱汁，将酱汁淋在蒸好的茄子上，就是一道健康清爽的美食。

健康提示

茄子是很好的食材，但容易诱发过敏，神经不安定、容易兴奋的人，气管不好的人，有关节炎的人，容易对食物过敏的人均不宜多吃茄子。茄子性寒，孕妇不宜多吃，以免流产，有虚冷症状的人也不宜多吃。

茄子挑选要诀

以外形完整无外伤，表面呈深紫色，富有光泽，没有裂缝、伤痕，切口新鲜，蒂部的小刺尖锐，无种子者为佳。

茄子营养功效

茄子具有清凉降火、降低胆固醇、降血压的保健功效。茄子果肉像海绵，即使吸收了油分，吃起来也不会感到油腻，有助于吸收植物油中的不饱和脂肪酸和维生素E，有效降低胆固醇。茄子紫色外皮中含有的色素属于多酚类化合物，可对抗体内的活性氧，抑制过氧化物质的形成，具有一定的抗癌和预防老化的作用。茄子是夏季蔬菜中寒性最强的蔬菜，具有镇痛、消炎、止血的功效。烹调前将茄子在水中浸泡5分钟，用刷子将茄子表面清洗干净，拭干水分或自然阴干，尽快烹煮，可避免养分流失。

试菜时间 | 罗勒炒茄子

材料

茄子200克，罗勒10克，蒜末、辣椒末各1小匙。

调味料

米酒、香油各1小匙，盐1／4小匙，糖1／2小匙，酱油1／2大匙，清水1大匙。

做法

1. 茄子洗净切成长条状，放入油锅炸软，捞起沥油备用。
2. 锅中加入2小匙油，爆香蒜末、辣椒末，放入所有调味料炒出酱油香味，再加入茄子炒匀。
3. 放入罗勒炒匀即可。

COOKING POINT!

热锅干煸再放油

热锅后直接将茄子放入干煸，等茄子变软、水分流失掉后，再放油下锅，干煸过程火力不可太旺，以免茄子焦糊；在炒茄子时，加入少许醋，也可使茄子不变黑。

斜切烹煮更入味

将茄子切较大块时，可以在表面等距的地方以刀斜切，不要切的太深，这样可以使茄子容易入味也快熟。

 活用技法：茄子烹调

茄子可腌制、炒、煮、汆烫，烹饪方法十分丰富。茄子切开后，由于酵素的作用，很容易变黑，不妨将其浸在水中，或在烹调前才切开。

Q 如何快速去除西红柿外皮?

A
1. 在西红柿表面轻轻划上十字形刀口,再放入沸水中略煮一会,等到西红柿表面的皮略略翻起,再将西红柿放入冷水中就可以去皮了。
2. 或将西红柿放入热水中浸泡30分钟,再冲冷水,同样可以去除西红柿的皮,而去皮后的西红柿再去籽入菜,不会生出过多水分,味道也会更加浓郁可口。

试菜时间 茄烧牛肉汤

材料
牛腩600克,胡萝卜400克,西红柿3个,现成卤包1包,葱1根,姜2片。

调味料
糖1大匙,酱油3大匙。

做法
1. 胡萝卜洗净,去皮切块;西红柿去蒂,洗净,每个切成4瓣;葱洗净,切段;牛腩切块,放入沸水中汆烫,捞出备用。
2. 锅中放入葱、姜、卤包、调味料及烫过的牛肉,以大火边加热边翻搅,至牛肉入味并出水时,加水盖过食材,以大火煮沸,转中火煮40分钟至牛腩熟烂,最后加入胡萝卜续煮25分钟至熟软即可。

COOKING POINT!

西红柿可中和油腻感

西红柿中的柠檬酸可以中和肉类的油腻感,所以在炖煮红烧牛肉时加入西红柿特别美味。牛肉要新鲜,煮出来的汤味道才会鲜美,处理牛肉时需先汆烫去除血水,避免汤的味道被破坏。

肠胃疾病患者不宜多吃西红柿

虽然西红柿具有防癌及抑制肿瘤的功效,但也不可多吃,过量食用,它的寒性可能伤害肠胃,肠胃疾病患者吃西红柿要有节制。

如何去除苦瓜的苦味？

A

1. 挑选果肉看起来晶莹肥厚、末端带有黄色、外皮洁白的嫩苦瓜较佳，其苦味轻、口感脆。
2. 烹调前把苦瓜对切后去籽，并将内侧的白膜瓜囊刮除干净，可减少苦味。
3. 将苦瓜切成薄片后浸入冰水之中，冰透后再取出沥干，可以去除苦瓜的苦味并增加脆度。
4. 凉拌时，用少许盐搓揉苦瓜后，再用水冲洗，有助于减少苦味。

 试菜时间 **脆皮苦瓜**

材料

苦瓜1～2条（约300～500克）。

调味料

西红柿酱、炒香花生粉各4大匙，沙茶酱、甜辣酱、香麻油各2大匙，炒香芝麻、柴鱼酱油、辣油各1大匙，糖浆1.5大匙。

做法

1. 苦瓜洗净、对半剖开，去膜及籽，均切三等份再切斜薄片，泡入冰水中，放入冰箱，直至苦瓜呈现透明状态，即可取出、沥干水分。
2. 将调味料充分搅拌均匀，食用苦瓜时可蘸调味料来调味。

COOKING POINT!

以软刷轻刷苦瓜，可去除其残留农药

　　苦瓜属于寒性蔬菜，有降低血压、养颜美容、预防感冒、降低血糖的保健功能，但身体虚寒者不宜多吃。购买时选择表面洁白、滋润、果粒饱满且没有裂痕者为佳。苦瓜果粒的部分容易累积农药，可以用软刷轻轻刷洗干净，去除残留农药。

Q 土豆如何炒才能快速熟软？

A 土豆含大量淀粉质，不易煮熟，最好事先汆烫或蒸过，再投入锅中，加盖以小火焖烧方式焖煮至熟，可缩短烹煮时间。只要水分或油量充足，土豆即可充分软化，因此烹调土豆时加少许水，也有助快炒至熟软。

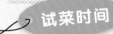

土豆炒肉末

材料

土豆200克，猪绞肉40克，胡萝卜30克，洋葱末1大匙，蒜末1小匙。

调味料

米酒、酱油各1／2大匙，糖1／2小匙，黑胡椒、盐各1／4小匙，香油1小匙，高汤1／2杯。

做法

1. 土豆洗净去皮切丁；胡萝卜洗净去皮切丁。
2. 起油锅烧热，放入土豆丁，炸至呈金黄色捞出沥油备用。
3. 另起锅加入1大匙油烧热，爆香蒜末、洋葱末，放入猪绞肉炒至肉末松散，再加入土豆、胡萝卜丁及调味料，炒至汤汁收干即可。

COOKING POINT!

土豆炒前应先泡冷水

先把切好的土豆在冷水中浸泡，冲洗几遍，等水不再有颜色后，再捞出沥干下锅，炒到变色时再放醋、水、盐，之后再翻炒几下，就可以装盘了，这样炒出的土豆丝不糊且脆。

咖喱土豆如何煮才入味？

A 1. 土豆不可以与肉类同时下锅烹煮，可先将土豆放入清水中煮至七分熟后捞起，等到肉煮熟、咖喱汤汁略收干时，再加入土豆同煮至熟，这样土豆不会太熟烂。

2. 熄火冷却后，使土豆吸收咖喱汤汁入味，食用前再重新加热，就可品尝到软绵入味的土豆了。

试菜时间 咖喱土豆

材料
土豆2个，胡萝卜1／2个，葱1根。

调味料
A料：咖喱粉2大匙。
B料：西红柿酱1大匙，清水1杯。

做法

1. 土豆洗净去皮、切长条，浸水泡去涩味；胡萝卜去皮、洗净、切条，分别放入热油锅中略炸，捞出沥干油分；葱洗净，切末备用。

2. 锅中倒入1大匙油烧热，放入A料炒香，加入B料煮开，再加入土豆及胡萝卜，煮至汤汁收干，撒上葱末即可。

COOKING POINT!

中小火炖煮口感松软

烹煮时可以在水中加入少许醋，这样土豆不会变黑，也会松软可口。当锅内的水烧开后，要改为中小火来煮，使土豆内外受热均匀，熟后才会松软好吃。如果一直用大火煮，土豆外部煮糊了，内部却仍然不熟，影响口感。

泡凉开水再去皮

想快速去除土豆的皮，可以在土豆煮熟以后，放入凉开水中浸泡一下，或用冷水冲洗，然后才剥皮，这样就容易去皮又不烫手。

Q 竹笋沙拉如何做才鲜嫩？

A 春笋及绿竹笋最适合做竹笋沙拉。竹笋水煮前不可先剥壳，也不要在烹煮过程中掀开锅盖，熄火后闷上1个小时，再掀盖取出剥壳，就可避免竹笋口感老硬。

 试菜时间

沙拉笋

材料
绿竹笋300克。

调味料
沙拉酱2大匙。

做法
1. 绿竹笋洗净，用刀在笋皮表面上划一刀，放入沸水中煮熟，捞起，去皮，待凉，放入冰箱冷藏备用。
2. 食用前取出竹笋，切成小块，盛入盘中，淋上调味料即可。

COOKING POINT!

切小块用小火烹煮

竹笋属根茎类食材，想将厚实的竹笋烧得透又入味，秘诀就在于不能切得太大块，烹煮时再以少量调味汤汁及小火将其煮至熟透就能入味，但烹煮前若能先烫过以去除其苦涩味，吃起来会更美味。

各类竹笋适合的烹调方式

麻竹笋适合做成各式小菜或用来炒食；绿竹笋、芦笋味美甘甜，宜作冷盘、沙拉；冬笋味香浓，炖煲煮汤，味道鲜美；而酸笋丝宜氽烫去酸。

Q 如何去除竹笋的苦涩味？

A
1. 挑选笋尖未带绿色的竹笋比较没有苦涩味。
2. 竹笋先洗净外皮连皮一起煮，或将竹笋连皮放在洗米水中，加上去籽的红辣椒，用中火煮熟，等笋冷却后，再把竹笋取出冲水剥皮，均可去除苦涩味。

 试菜时间

红焖桂竹笋

材料
桂竹笋120克，红辣椒10克，大蒜2瓣。

调味料
酱油1大匙，糖5克，豆瓣酱1小匙。

做法
1. 红辣椒洗净去蒂及籽、切丝；大蒜拍碎。
2. 锅中倒入半锅水煮沸，将桂竹笋放入沸水中汆烫，取出，待凉，切成片状或丝状备用。
3. 锅中放入1大匙橄榄油烧热，爆香红辣椒及大蒜，放入桂竹笋拌炒均匀，加入调味料炒至上色即可。

COOKING POINT!

拌炒时多放油

　　新鲜的桂竹笋或超市里真空处理过的桂竹笋，都要汆烫煮熟后才能使用，买回后应尽早吃完，以免竹笋干裂而丧失口感。若无法一次全部煮完，最好烫熟后放冰箱冷藏。拌炒竹笋时要多放些油，其口感才不会干涩，但腌渍过的桂笋，味道比新鲜的桂笋苦，通常较适合红烧，不适合做凉拌菜。

膳食纤维丰富热量低

　　笋类含有多量膳食纤维、蛋白质、胡萝卜素和B族维生素、维生素C，热量也很低，多吃对人体有益，尤其是秋季盛产的桂竹笋，是许多人喜欢吃的菜肴，不论是煮汤或炒菜都有相当的营养价值。但患有胃溃疡的人最好不要吃太多，以免刺激肠胃。

Q 如何保持小黄瓜口感清脆？

A

1. 小黄瓜用菜刀拍松、加盐抓拌，可以释出多余的水分，保持脆度，也增加了小黄瓜与调味料接触的面积，便于其吸收更多的调味料，会更入味。

2. 一根小黄瓜通常配上1／4～1／3小匙盐腌拌，再腌20～30分钟，待其出水后挤干盐水，置于密封袋再放入冰箱，再重新调味。这样无论是凉拌或是下锅炒，只需注意盐分的控制，就可保持小黄瓜的清脆可口。

3. 盐的分量过多或腌拌时间过长，会使小黄瓜严重脱水，瓜肉变软，丧失清脆口感，是烹饪小黄瓜最常失败的原因。

试菜时间 凉拌小黄瓜

材料

小黄瓜300克，红辣椒1个，大蒜4瓣，姜2片。

调味料

A料：盐1小匙。

B料：白醋2大匙，白糖1／2大匙，花椒粒1／4小匙。

做法

1. 小黄瓜洗净，切段，拍扁；大蒜去皮，切末；红辣椒、姜洗净，切丝。

2. 小黄瓜放入碗中，加入A料抓拌均匀至出水。

3. 倒掉小黄瓜碗中的水分，加入大蒜、姜丝及B料拌匀并腌1个小时，待食用时盛入盘中，撒上红辣椒即可。

COOKING POINT!

盐腌过不需再冲水

除了盐腌，小黄瓜拌醋也是爽口菜肴。洗净的小黄瓜用淡盐水浸泡5分钟左右，取出后拭干，用刀背轻拍后切成适当大小，加点糖和适量醋即可。若是小黄瓜新鲜度较差，可用盐搓揉一下小黄瓜，直接拍碎后切段使用，常见的错误方法是将用盐搓揉过的小黄瓜，再度用水冲洗，这样黄瓜吸水后，醋味就进不去了。

Q 如何使黄瓜镶肉内馅不脱落?

A 做镶肉的菜时，记得要抹上一层薄薄的干淀粉在食材与肉馅互相接触的地方，譬如黄瓜镶肉就要将干淀粉抹在去籽大黄瓜内圈，苦瓜镶肉也是相同处理方式，采用其他类似烹调技法时，食材镶肉前都要抹一点干淀粉，可以使内馅不易脱落。

试菜时间 黄瓜镶肉

材料

大黄瓜1根，猪绞肉300克，香菇3朵，葱1根，姜30克。

调味料

A料：淀粉1大匙。

B料：酱油、淀粉各1大匙，盐、麻油各1小匙。

C料：水淀粉1大匙。

做法

1. 大黄瓜洗净，去皮，切段，去籽，瓜肉内侧抹上A料；姜洗净，香菇泡软、去蒂，均切末。

2. 猪绞肉放入碗中，加入香菇、姜及B料拌匀，做成内馅，取适量内馅填入大黄瓜内，放入盘中，移入蒸锅中，以中火蒸15分钟，取出。

3. 葱洗净，切段，放入热油锅中炒熟，加入C料炒匀成葱油汁，淋在蒸好的大黄瓜上即可。

COOKING POINT!

镶肉滑嫩的诀窍

镶是指将主料的中间挖空或切开，放入馅料再蒸或炸熟的一种技法。黄瓜镶肉内馅所用的绞肉，适合选用五花肉尾端的部位，吃起来更滑嫩。此外，在调配内馅时加入鸡蛋搅拌，也是一种能让口感更加滑嫩的好方法。

镶肉变化菜肴

苦瓜镶肉、油豆腐镶肉、香菇镶肉、茄子镶肉、西红柿镶肉、萝卜镶肉。

如何去除洋葱的辛辣味？

A
1. 洋葱去掉褐皮切丝后，用冰水浸泡成透明状，就可去除洋葱的辛辣味，食用前将洋葱丝捞起沥干水分即可。
2. 切好的洋葱用色拉油搓揉一下，也可达到去辛辣味的效果，如果加上点柠檬水，更是美味。

试菜时间　洋葱泡菜

材料
洋葱300克，柴鱼10克，罐头金枪鱼肉30克，盐5克，熟芝麻1克。

调味料
糖50克，白醋60毫升。

做法
1. 洋葱对切成两半，洗净，去皮，切丝，用盐抓拌一下备用。
2. 柴鱼放入碗中，加入调味料混合拌匀，浸泡10分钟，做成柴鱼腌汁。
3. 最后将洋葱丝放入柴鱼腌汁中混合拌匀，放入冰箱腌2天至入味。
4. 食用时取出盛盘，加入罐头金枪鱼肉及熟芝麻，拌匀即可。

COOKING POINT!

放置阴凉处保存

买回来的洋葱如果一次吃不完，可以放在通风良好、阴凉的地方保存。只用少许的洋葱时，无须将洋葱整个切开，可从外面划一道切痕，将洋葱一片一片剥下来用，也可增加洋葱的保存期。

切洋葱不流泪妙招

用锋利的菜刀来切洋葱，或是将剥好的洋葱放入冰箱冷藏一段时间，烹调前再拿出来切，就不容易流泪了。

如何炒出清脆的四季豆？

A 1. 豆荚类蔬菜要先在水中浸泡5分钟后再清洗，把豆荚头尾及茎去掉，清洗干净后，放入加盐的沸水中汆烫捞出，可去除涩味。

2. 将豆荚类蔬菜切成斜片，不但比较好看也容易炒熟，再和肉类同炒，如此豆荚类蔬菜不会过生，肉类也不会炒的太老。

3. 炒四季豆一定要大火快炒，绝对不能加盖焖烧，以免颜色变黄、变黑，而且会出现四季豆表面熟里面仍然不熟的现象。

试菜时间 四季豆炒肉丝

材料
猪肉150克，四季豆200克，大蒜2瓣。

调味料
A料：酱油1大匙，淀粉2大匙。
B料：沙茶酱2大匙，盐1小匙，水1大匙。

做法
1. 猪肉洗净，切丝，放入碗中，加入A料腌拌约10分钟。

2. 四季豆洗净，撕去头尾及老筋后切斜片，大蒜去皮，切末。

3. 锅中倒入3大匙油烧热，放入肉丝炒至半熟，盛出。

4. 余油继续烧热，大火爆香蒜末，加入四季豆炒熟，再加入肉丝及B料炒匀即可。

COOKING POINT!

装保鲜袋再冷藏

　　采购四季豆时宜选择豆荚细长，外观平滑完整、无凹凸不平的颗粒，表皮翠绿、无黑色或褐色斑点者为佳；四季豆清洗后需剥除荚边老筋；另外，四季豆很容易干燥，要装在保鲜袋中，再放入冰箱冷藏室保存。

Q 如何分辨绿芦笋是否该削皮？

A 买回来的绿芦笋，有些很软有些很硬，可用手指从绿芦笋根部轻轻折弯，靠近根部折断的部分，就是比较硬的部分，要用削皮器削去硬皮。

试菜时间 芦笋炒鲜贝

材料

芦笋200克，新鲜干贝100克，草菇30克，胡萝卜20克，蒜末1小匙，辣椒1个。

调味料

A料：色拉油1大匙。

B料：料酒1／2大匙，蚝油1大匙，盐1／4小匙，糖1／2小匙，香油1小匙，高汤50毫升。

C料：水淀粉2大匙。

做法

1. 芦笋去老皮洗净，切段；草菇洗净切片；胡萝卜洗净去皮，切片；辣椒洗净去蒂，剖开去籽切片。

2. 锅中加入半锅水烧沸，将芦笋氽烫后，捞起泡入冷水，再放入鲜干贝氽烫5分钟，捞起洗净，再将芦笋、干贝沥干。

3. 锅中加入A料烧热，放入蒜末、辣椒爆香，加入胡萝卜片、芦笋、干贝略炒，加入B料炒匀。

4. 用C料勾芡即可。

COOKING POINT!

选芦笋看笋尖

　　茎粗的芦笋比细的更好吃。选择芦笋时，要仔细看笋尖，花苞愈紧密表示愈新鲜。白芦笋以全株洁白、形状正直、笋尖鳞片紧密、没有腐臭味道为佳；绿芦笋以茎皮绿色、笋尖无腐臭之味、笋尖鳞片不展开、笋身粗大细嫩为佳。

Q 如何去除白萝卜的辛辣味？

A 炖汤时放一点米在锅中和白萝卜一起炖煮，不但可以去除白萝卜中的辛辣味，也可使白萝卜更易煮烂。白萝卜去皮时要削厚一点，才能把靠近外皮的粗纤维去掉，口感会更佳细腻。

试菜时间 白萝卜排骨酥羹

材料

小排骨200克，白萝卜100克，大蒜3瓣，笋干30克，香菜20克。

调味料

A料：酱油、米酒、淀粉各1大匙。

B料：高汤3杯。

C料：盐1小匙，酱油、胡椒粉、糖各1／2小匙。

D料：水淀粉2大匙。

做法

1. 大蒜去皮，小排骨洗净，切小块，放入碗中加入A料拌匀并腌10分钟，和大蒜一起放入热油锅中炸至酥，捞出沥干油分备用。

2. 香菜洗净，切小段；白萝卜洗净，去皮，切小丁，放入沸水中烫熟，捞出沥干备用。

3. 锅中倒入B料煮开，放入白萝卜丁及C料煮至入味，加入D料勾芡，再加入小排骨煮约1分钟，撒上香菜即可。

COOKING POINT!

起锅前转大火排骨口感更酥

以中火将排骨炸至外表看起来有点干，油分也不多时，转大火炸几秒钟再捞出，这样排骨口感才会香香酥酥，最后沥干油分再放入羹汤中即可。

Q 如何煮芋头才不会崩散？

A 芋头含有大量的淀粉、蛋白质、维生素及膳食纤维，既可当主食，又可当蔬菜，但芋头炖煮后会变得非常松软，容易崩散。在烹煮前将芋头切成小块，放入热油锅内稍微过油炸一下就捞出，沥干油分后再与其他食材一起烹煮，就不容易散开了。

试菜时间 芋头排骨酥

材料

排骨300克，芋头1个，芹菜末1大匙。

调味料

A料：酱油2大匙，盐1小匙，五香粉1／2小匙，酒、胡椒粉和糖各适量。

B料：地瓜粉2大匙。

C料：盐1小匙，高汤3杯。

做法

1. 芋头去皮，切成滚刀块状备用。

2. 排骨洗净切块，用A料腌20分钟，再沾裹B料放入热油锅中炸至金黄色，捞起，沥干备用。

3. 将炸好的排骨酥、芋头和C料一同放入蒸笼蒸40分钟，取出撒上芹菜末即可。

COOKING POINT!

表皮有纹路的芋头口感较松软

挑选芋头时以表面附有泥土，表皮湿润，且纹路明显者较好。用刀切去芋头头端，若流出粉质，表示芋头香嫩、松软；反之，流出汁液，表示品质较差。芋头不要放冰箱冷藏，要保持干燥，最好用纸类材质包裹后，放在常温下保存即可。

手泡醋水削芋头可止痒

削芋头或山药、牛蒡时，常有双手发痒的情形。如果先准备一盆醋水，削皮之前泡一下双手，削的时候就不容易痒了。若中途又发痒，就再浸一下，然后继续削皮。如果手上有伤口，就不能用这种方式防止发痒。

Q # 莲子如何煮可以又软又透?

A 莲子不易熟,煮前可先以温开水浸泡约30分钟,以清水冲净后,挑除莲心,用电饭锅或蒸笼蒸1个小时,再放入汤锅中与其他食材同煮,能缩短烹饪时间,莲子也较容易软烂。

试菜时间 ## 莲子排骨汤

材料

排骨300克,莲子、海带结、胡萝卜各80克,姜2片,高汤8杯。

调味料

盐1/2小匙,米酒1大匙。

做法

1. 排骨洗净,剁成数块,放入沸水中汆烫,捞出,以清水冲净;莲子泡软,挑除莲心;胡萝卜去皮,洗净,切块备用。

2. 锅中倒入高汤烧开,放入排骨、莲子、胡萝卜及姜片,以大火煮沸后,转小火熬煮约2个小时,加入海带结煮至熟软,起锅前加入调味料调匀即可。

COOKING POINT!

莲子营养功效

莲子性平,味甘、涩,具有收敛、镇静神经的效用,可以改善烦躁失眠和脾胃虚弱导致的腹泻症状。莲子富含钾,可促进人体新陈代谢,改善贫血、疲劳症状,但体质燥热、容易便秘者不宜食用。购买莲子时以粒大饱满、体圆均匀者为佳。

莲子变化菜肴

红枣莲子汤、莲子百合粥、莲子银耳汤、桂圆莲子粥、雪梨炖莲子汤。

Q 香菇要用冷水还是热水泡？

A

1. 干香菇可用冷水浸泡1个小时，再轻轻去除香菇伞皱褶内的沙粒，清理干净后，再次放入冷水中浸泡。浸泡后的汤汁，可用于炒菜或煮汤，但要先滤去杂质。

2. 若时间不允许，可将香菇放在容器内，加水至没过香菇，加入少许糖以加速香菇变软，然后放入微波炉加热数分钟后就可以了。

3. 若家中没有微波炉，也用热水泡发。

INFORMATION NOTES

香菇挑选要诀

　　新鲜香菇要选择伞开八分，肉质厚实，根轴较短，表面富有光泽，底部呈白色者；干香菇则要选择肉质厚实，底部呈淡黄色者。新鲜香菇只需用水稍加冲洗表面，或用纸巾擦去杂质即可；干香菇则可冲洗之后加水浸泡。新鲜香菇可装在保鲜袋中，放在冰箱冷藏室中保存；干香菇则要放在密闭容器中，并加入干燥剂。

香菇变化菜肴

　　鲜菇砂锅鱼头、红烧香菇、香菇鸡汤、香菇冬笋、香菇炒菜心、香菇炒肉片、香菇煲脯肉、香菇炒三丝、香菇蒸肉饼、香菇凤爪汤、香菇豆腐汤、香菇煨鸡。

香菇营养保健

　　香菇具预防癌症、动脉硬化，降低血压、胆固醇的保健效果。香菇含丰富的蛋白质，营养价值比一般蔬菜更高，其中的膳食纤维可促进排便，从而将体内的毒素排出体外；香菇嘌呤具有促进血液循环、降低血压的作用；香菇多糖具有抗癌的作用。多吃香菇对皮肤、眼睛和头发的健康有益。

 **试菜时间** # 香菇肉羹

材料

肉羹500克，香菇丝、金针菇各100克，胡萝卜丝50克，芹菜末1大匙。

调味料

A料：高汤5杯，盐2小匙，柴鱼精2小匙，糖和酱油各1小匙。

B料：水淀粉2大匙。

C料：陈醋1小匙，香油少许。

做法

1. 所有材料均洗净，金针菇沥干备用。
2. 将A料煮沸，再放入所有材料，煮开后加入B料勾芡；食用时调入C料即可。

COOKING POINT!

香菇水炒菜可提鲜

香菇泡软后所留下来的香菇水，吸收了香菇的香味，可以留下来当高汤使用，尤其适合当作素食菜肴中的素高汤。平常炒菜时，加入1～2大匙香菇水同炒，可取代味精，有提鲜增香的功效。

倒勾芡水速度要慢

加入勾芡水最恰当的时机，是在食物快煮熟时。如果在食物还没煮熟前加入芡汁，不但会影响食物的煮熟度，调味料也不容易入味。勾芡时水淀粉不可倒得太快，以免芡汁来不及化开。而结成块状，进而影响菜肴的品质及口感。

 ## 活用技法：勾芡

勾芡的羹汤需要再次加热时容易结块，必须以小火加热，而且要不断搅拌直到煮沸，或者也可以隔水加热，就不必担心锅底烧焦或汤汁黏稠结块了。

Q 如何去除洋菇的湿霉味?

A 烹调前先把洋菇放在洗米水中浸泡40～50分钟,然后再取出洋菇清洗干净,这样可以去除湿霉味,就可以切片烹调了。

试菜时间 双菇拌鸡肉

材料

鸡胸肉200克,香菇、洋菇各3朵,豌豆角50克。

调味料

A料: 盐、糖、醋各1大匙。

B料: 香油1小匙。

做法

1. 鸡胸肉洗净;豌豆角洗净、去蒂及老皮;香菇泡软,洗净、去蒂、切丝;洋菇洗净、切片;全部材料分别放入沸水中煮熟,捞出沥干备用。

2. 鸡胸肉烫好后待凉,以手撕成条状,加入其他材料与A料拌匀,最后淋上B料即可。

COOKING POINT!

洋菇的保健功效

洋菇是一种低热量、高蛋白、高营养的食品,含有维生素B₁、维生素B₂,可促进消化与新陈代谢,增进体力,其所含的烟碱酸有降低胆固醇、促进血液循环,降低血压,有效预防心血管疾病的功效,是中老年人,高血压和高血脂患者的最佳食品。

勿购买颜色过白洋菇

有些菇农为了让蘑菇的“卖相”更好,会将洋菇漂白或用萤光剂增白,这样的洋菇吃了会对人体产生危害,因此,颜色太白的洋菇不要购买。挑选洋菇时应选择菇伞厚实,菇伞和根部末裂开者,清洗时只要稍微清洗洋菇表面杂质即可,待洋菇自然阴干后装入保鲜袋中,放在冰箱冷藏室中保存即可。

炸红薯的面糊怎么调才酥脆？

A

1. 太浓的面糊不容易裹上材料，太稀的面糊炸出来的食物不漂亮。将筷子放在搅拌均匀的面糊中，然后将筷子垂直拉起，如果面糊能呈一直线的滴落，表明其浓稠度适中，如此炸出的面糊才会金黄酥脆。
2. 调制面糊要用冷水，加入低筋面粉及鸡蛋后快速搅拌，避免搅拌过久使面粉出筋。
3. 面衣如果黏性低，沾裹蔬菜时会变成厚厚的一层，造成炸出的面糊容易吸油过多，使得油炸蔬菜变软不好吃。

 试菜时间

炸红薯

材料
红薯1条，低筋面粉1杯，鸡蛋1个。

调味料
盐1／3小匙。

做法
1. 红薯用刷子刷去表面泥沙，冲洗干净，去皮，切薄片备用。
2. 低筋面粉放入碗中，打入鸡蛋。加入调味料及2大匙冷水，搅拌均匀成面糊备用。
3. 红薯片均匀沾裹面糊，放入热油锅中炸至呈金黄色即可。

COOKING POINT!

易出水蔬菜不适合油炸

易出水的蔬菜不适合油炸，譬如：叶菜类、西红柿、小黄瓜、豆芽菜等。油炸蔬菜洗净后，一定要沥干水分，用纸巾将其多余的水分吸掉，这样油炸时面衣与食材才不会分离。

油炸不宜用平底锅

不宜使用平底锅来油炸食物，因为平底锅浅，盛油量不多，锅中的热油容易溢出，危险性较高，而且食物也容易互相粘黏或粘锅。

Q 做菜时该何时加入味酥？

A 味酥虽然有甜味但不等同于砂糖，它略带酸味，能让蛋白质凝固。如果是肉类和蔬菜，先添加味酥会导致菜肴无法入味，所以需要在最后加入；如果是鱼类菜肴，先加入味酥会让蛋白质凝固，可保持食材完整，且去腥提味的功效。

试菜时间 芝麻牛蒡丝

材料
牛蒡200克，熟白芝麻1大匙。

调味料
味酥、酱油、糖各1大匙，水1大匙，香油1小匙。

做法
1. 牛蒡去皮切丝，泡入加有1小匙盐的清水中，浸泡5～10分钟，取出沥干水分。
2. 起油锅烧热，放入牛蒡丝炸至浮起时，捞出。
3. 另起锅加入1大匙油，将调味料煮沸，放入牛蒡丝、芝麻快速拌炒均匀即可。

COOKING POINT!

牛蒡泡水可消除涩味

牛蒡滋味清甜，还可吸收肉中的油脂，很适合与肉类或鱼类一起烹饪，也能增加牛蒡本身的甜味和风味。牛蒡皮中含有芳香和药效成分，而且涩味很强，切开后先泡水可消除涩味。

牛蒡的营养功效

牛蒡含有木质素，可预防癌症，丰富的纤维质在体内会吸收水分，增加排便量，促进小肠消化与吸收，可有效预防便秘。牛蒡所含的菊糖不能转化成葡萄糖，十分适合糖尿病患者食用，可促进肾脏功能，促进排尿，并有助于降低血糖值，有效控制糖尿病和高血压症状。

Part 6 豆、蛋类

Bean & Egg

Q 老豆腐、嫩豆腐如何入菜？

A

1. 老豆腐含水量较多，用来做炸豆腐、煎豆腐、豆腐丸等比较适合；嫩豆腐可搭配的菜较多，譬如红烧豆腐、麻婆豆腐、西红柿豆腐、凉拌豆腐等，不论清蒸或红烧，用嫩豆腐较适合。

2. 夏天吃凉拌豆腐时，可以将嫩豆腐放入冷水中，加少许盐，用小火煮到水快沸腾时就熄火，再把豆腐取出，用凉开水冲洗冷却，这样的凉拌豆腐口感会更好。

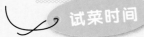 试菜时间

红烧豆腐

材料

上海青4棵，胡萝卜1／3根，香菇2朵，大蒜1瓣。

调味料

A料：蚝油、酱油、糖各1／2 小匙，酒、胡椒粉各少许，鸡精1／3小匙。

B料：水淀粉1大匙。

做法

1. 上海青、胡萝卜、香菇分别洗净；上海青剖半，去头部；胡萝卜、香菇切片；所有材料一起放入沸水中氽烫，捞起备用。油豆腐切成4小块，烧热油转小火，下油豆腐炸至金黄色，捞起备用；大蒜去皮切成细末，备用。

2. 锅内放油1小匙，爆香蒜末，放入胡萝卜片、香菇片、油豆腐与A料，烧至收汁加B料勾芡。

3. 将氽烫过的上海青铺排于盘底，放上做法2的食材，最后淋上勾芡酱料即可。

COOKING POINT!

红烧豆腐可加入多种剩余食材

红烧豆腐可以算是最家常的菜肴之一，油豆腐、嫩豆腐、传统豆腐、鸡蛋豆腐都可以做成红烧豆腐，而冰箱里剩余的食材，如香菇、竹笋、火腿、胡萝卜、甜豆都可加入。

Q 如何烧豆腐才不会稀烂破碎？

A 翻炒动作是为了让调味均匀，但在烹调豆腐时，不断的翻炒容易使豆腐稀烂破碎，影响菜相。所以烧豆腐时宜切较大块，且避免不断翻炒，才能烹煮出好看的豆腐菜肴。

试菜时间

麻婆豆腐

材料

老豆腐2块，猪绞肉60克，葱1根，大蒜、姜各少许，红辣椒1个。

调味料

A料：辣豆瓣酱、酱油各2大匙，糖、酒各1大匙，水1杯半。

B料：水淀粉适量

做法

1. 豆腐切丁，蒜头、姜、辣椒洗净切末，葱洗净切葱花。

2. 锅中加2大匙油，爆香蒜末、姜末、辣椒末，再放入猪绞肉炒香。

3. 倒入豆腐拌炒片刻，加入A料，以小火焖煮3分钟。

4. 倒入B料勾薄芡，撒上葱花即可。

COOKING POINT!

辛香料可分两次加

热炒香辣菜最重要的一点就是辛香料和调味料的运用，食材入锅快炒前，先爆香葱、姜、蒜等辛香料，若使用花椒，要先把花椒剁碎以提升口感，至辛香料的香味产生时，再放入食材大火快炒。过度加热容易使辛香料的香气挥发掉，因此爆香时可放一部分辛香料，炒的过程中再加入剩余的辛香料。

Q 如何煎豆腐才能完整不破碎？

A 1. 豆腐含有许多水分，常在烹调过程中散开，要防止这样的情况可以在豆腐切好后放入滚水中烫一下，除去豆子的腥味并减少豆腐的水分，也能让豆腐更容易吸收调味酱汁。

2. 煎豆腐前，将豆腐放在盐水中浸泡30分钟，取出后擦干水分，再切成1厘米厚度左右，可减少豆腐破碎。

3. 以小火慢煎，待豆腐一面的外皮呈金黄色定型后，再用锅铲将豆腐翻面煎，或将豆腐沾点淀粉或面粉再下锅煎，均可避免破碎。

 试菜时间

葱煎豆腐

材料

老豆腐1块，葱3根。

调味料

A料：盐1大匙，清水2杯。

B料：盐1小匙。

做法

1. 豆腐用水冲净，放入A料中浸泡30分钟，捞出，沥干水分，切约1厘米厚片，备用。

2. 葱洗净，切段。

3. 锅中倒入2大匙油烧热，放入豆腐，以小火慢煎，至两面呈金黄色。

4. 加入B料及葱翻炒即可。

COOKING POINT!

盐开水中保存豆腐防止变味

豆腐取出后，如果要没有马上烹调，可以将豆腐放在盐开水中保存，能防止变味及除去卤水味。

豆腐变化菜肴

麻婆豆腐、红烧豆腐、香煎豆腐。

Q 油豆腐如何煮才会入味?

A

1. 油豆腐是将豆腐油炸而成，其表面有一层油脂，会让调味料不易进入油豆腐里，吃起来口感也不柔软。烹调油豆腐前，先去油、再烧煮，就能使油豆腐入味。

2. 将油豆腐放入沸水中烫3分钟，翻面再烫3分钟，就能去除油脂。捞起沥干后，再加入其他食材及调味料一起烹煮，煮出来的油豆腐就会入味。

试菜时间 油豆腐镶肉

材料

三角油豆腐12块，香菜20克，鲷鱼肉、猪绞肉、虾仁各50克。

调味料

A料：盐1／2小匙，米酒、淀粉各1小匙。

B料：酱油1大匙、糖1小匙、盐1／2小匙、水1杯。

做法

1. 鲷鱼肉洗净，剁成泥；虾仁挑去肠泥，洗净，切末；香菜洗净，切末。将鲷鱼肉、虾仁、香菜放入碗中，加入猪绞肉及A料拌匀，做成馅料备用。

2. 油豆腐洗净，中间划一刀，填入适量馅料。锅中加入B料和油豆腐大火煮开，以小火煮至熟软入味，盛入盘中即可。

COOKING POINT!

肉馅不脱落的诀窍

蒸过的镶肉很容易碎散，大多是绞肉的黏性不足，因此准备镶肉时，要记得再将绞肉剁碎一点。在油豆腐内面抹一层淀粉再镶肉，也能避免皮馅分家。

油豆腐变化菜肴

卤油豆腐、油豆腐细粉、油豆腐鸡。

Q 如何炒豆干才入味？

A
1. 烹调前将豆干切成丁、片或丝，起锅加水煮开后，加入适量盐，把切好的豆干放入锅中，待水沸后马上捞起，放在冷开水中浸泡，可去除豆腥味。

2. 炒豆干时加入适量酱油一起拌炒，不仅可以让豆干上色，还能让豆干更入味，口感更棒。

试菜时间 芹菜炒豆干

材料

豆干4片，芹菜200克，红辣椒1个，大蒜3瓣。

调味料

盐、鸡精、酱油各1小匙，水100毫升，香油1大匙。

做法

1. 芹菜洗净、去叶，切成3厘米长的段；豆干洗净，切条状；红辣椒洗净，切片；大蒜去皮、切末备用。

2. 锅中倒入适量油烧热，爆香大蒜、红辣椒，加入豆干及芹菜拌炒，加入调味料炒至入味即可。

COOKING POINT!

豆干变化菜肴

卤豆干、韭菜花炒豆干、肉丝炒豆干、青辣椒炒豆干、小鱼豆干、豆干肉酱、雪里蕻炒豆干。

Q 黑豆干与黄豆干有何区别?

A 黑豆干是压干水分的豆腐经过烘烤或者卤制而成,所以外观黑黑的,口感较软。黄豆干则是经过硫黄熏制而成,口感比较紧实。两者的烹调时间都不宜过久,尤其是卤制时,如果卤到有蜂巢,口感就会不嫩。

 试菜时间 ## 蜜汁豆干

材料

黑豆干12块,白芝麻1大匙,三岛香松少许。

调味料

糖4大匙,五香粉1／2小匙,酱油1小匙。

做法

1. 将黑豆干洗净切小块,下油锅炸至金黄色捞起。
2. 锅中放入糖、酱油、五香粉与半碗水,煮至汤汁收干至1／3时,加入豆干块拌炒。
3. 最后撒上白芝麻及三岛香松即可。

COOKING POINT!

汤汁变浓稠时再放入豆干

做蜜汁豆干时,要等到汤汁收干剩1／3时,再加入豆干拌炒,如此豆干的口感最好,如果没办法判断汤汁剩下多少,等到锅里的汤汁变得浓稠时,再加入豆干即可。

Q 干丝如何处理才柔软好吃？

1. 市面上常见到的干丝，多半经过加工处理，颜色浅黄、外观呈长条状，由于在加工过程中经过了压制及晒干，其质地紧实，若直接用来凉拌，口感较干硬、不柔软。

2. 新买回来的干丝，可用碱粉水或小苏打水泡软，使干丝恢复柔软，再用沸水烫煮一次，消除碱味，并能吸进调味汁，入味软嫩。

试菜时间　麻辣干丝

材料

白干丝300克，胡萝卜20克，大蒜1瓣，红辣椒1个。

调味料

A料：花椒粒1小匙。

B料：辣椒油1小匙，盐1／2小匙，酱油、水各1大匙。

C料：香油1／4小匙。

做法

1. 白干丝洗净，沥干，切段；胡萝卜洗净，去皮，切丝；大蒜洗净，去皮，切末；红辣椒洗净，去蒂及籽，切丝。

2. 锅中倒入1大匙油烧热，放入A料炒香后捞除，加入白干丝、胡萝卜丝、蒜末及B料，焖煮至汤汁收干，再加入红辣椒丝、C料拌匀即可。

COOKING POINT!

凉拌菜的辛香料要先调匀

凉拌香辣菜的诀窍是辛香调味酱都要事先调好，待食材煮熟或汆烫过，再加入浸泡或拌入食材，让酱汁慢慢腌渍入味。花椒粒先用大火爆炒，其香气更易释出，如果是生拌，可将花椒粒压碎，其香气也易释放。

干丝变化菜肴

凉拌干丝、牛肉炒干丝、韭黄炒干丝、什锦干丝、豆芽拌干丝、芹菜炒干丝、青椒炒干丝。

Q 豆酥要如何炒才会香？

A

1. 豆酥是黄豆制品，又称为豆渣，炒豆酥时吃油较多，需多放一些油，其品味才不至于太干涩。

2. 以蒜末、辣豆瓣酱提味一起拌炒，豆酥味道才会香。一开始用大火快炒豆酥，等到锅内的油被豆酥吸收，并开始散发香气时，转成小火继续拌炒，火力不可太大，以免容易炒焦，造成苦味。

3. 快炒时若不易控制火候，也可移开炒锅，利用余温拌炒，避免烧焦。

试菜时间　　　　## 豆酥鳕鱼

材料

鳕鱼2片，大蒜2瓣，葱1根，红辣椒1个，姜3片，豆酥粉3大匙。

调味料

A料：米酒1大匙，盐少许。

B料：酱油1大匙，糖、米酒各1小匙。

做法

1. 大蒜去皮、切末；红辣椒洗净、去蒂及籽，切末；葱洗净，去头梗备用。

2. 鳕鱼洗净，放入盘中，以A料腌渍入味，移入蒸锅，放上姜片和葱，蒸10分钟至熟取出。

3. 锅中倒入适量油烧热，加入豆酥粉、大蒜末、红辣椒末翻炒至松软，加入B料以大火炒至酥香、起泡，捞出，淋在鳕鱼上即可。

COOKING POINT!

鳕鱼汆烫去血水

鳕鱼入沸水中快速汆烫一下，可去除腥味及血水。蒸鱼时，先用大火再转中火，大火可让鱼肉迅速收缩，减少水分流失，并保留住鱼肉的鲜味；转中火是为了避免加热过急，造成鱼肉迸裂、不美观。

豆酥入菜少放盐

豆酥本身已有咸味，用豆酥入菜时不要加太多盐，以保持食材本身的最佳鲜甜滋味。

如何煎出柔嫩可口的萝卜干煎蛋？

A

1. 不要用画圆圈方式打蛋，要以前后的固定方向来回打蛋。
2. 在蛋汁中加入少量淀粉和色拉油，拌匀后放置一会，让蛋汁内的空气消失。
3. 炒锅一定要用大火充分预热，看到锅底冒出白烟后，倒入1大匙油并转动炒锅，使油滑动沾满整个锅面，然后倒出油，重新加入3大匙油烧热，转小火后慢慢加入萝卜干蛋液，小火慢煎的同时，要轻轻搅动蛋液，才不会出现外皮焦而内部不熟现象，也更柔嫩可口。

 **试菜时间**

萝卜干煎蛋

材料
鸡蛋2个，萝卜干100克。

调味料
盐少许。

做法
1. 萝卜干洗净、切碎。
2. 蛋打散，放入萝卜干，加入调味料拌匀。
3. 锅先充分预热，倒入1大匙油并转动锅，然后倒出油，重新加入适量油烧热，放入蛋液，转小火煎至两面金黄即可。

COOKING POINT!

煎蛋时多放油

萝卜干本来就是咸的，所以盐不要放太多，加一点糖可以中和味道，让味道不"死咸"。煎的时候，色拉油要多放一点，这样除了不会粘锅之外，还会使萝卜干煎蛋更加滑嫩爽口。

褐色萝卜干风味佳

买萝卜干时，应挑选褐色的为佳，吃起来味香而咸，颜色很淡的萝卜干，通常是都腌渍不够入味的。

Q 如何煎出形状漂亮的荷包蛋?

1. 将蛋打在小碗内，以中火烧热炒锅，并放入少量油。
2. 将蛋液倒入锅中，待蛋的底层结皮时，用锅铲将蛋的一半铲起包裹蛋黄，并对折做成荷包蛋。
3. 沿着蛋缘浇一点开水，盖上锅盖，并转小火，让荷包蛋慢慢蒸熟。增加的水分可以使荷包蛋口感柔嫩不老硬。

 试菜时间

荷包蛋

材料
鸡蛋3个。

调味料
酱油1小匙。

做法

1. 倒1匙油入平底锅，烧热。逐一将鸡蛋打入小碗再倒入锅中，煎至蛋白变色，以锅铲翻起盖住另一半，成半月形荷包蛋。沿蛋缘倒入少许开水，盖上锅盖。
2. 如要吃半熟荷包蛋，盖上锅盖焖至蛋缘略焦即可；要吃全熟的荷包蛋，则盖上锅盖转小火慢焖。
3. 淋上调味料，焖煮至汤汁收干即可。

COOKING POINT!

搭配蔬菜烹调

鸡蛋富含各种营养素，却缺少维生素C，因此，若搭配富含维生素C的蔬菜一起食用，则可营养互补，达到营养均衡。

煎荷包蛋的诀窍

煎荷包蛋时，如果火候无法控制，可将煎锅暂时离火，利用余温煎熟。

鸡蛋如何蒸才滑嫩？

A
1. 将鸡蛋打散，加入适量水搅匀，一个蛋加一碗温开水。
2. 用滤网过滤杂质。
3. 锅中的水煮开，将鸡蛋放入锅蒸，以小火蒸7～10分钟即可。
4. 蒸蛋过程不要频频掀盖，以免降低蒸锅内的温度，锅盖里面的水汽也会因此聚集滴下，进而在蒸蛋的表面形成蜂窝状的小洞，破坏外观。
5. 蒸蛋时可在锅边插一只筷子，从而避免锅盖紧闭，同时让锅内的水蒸气可以自然散掉。

INFORMATION NOTES

 鸡蛋挑选要诀

挑选鸡蛋时，以表面粗糙，外壳完整无破损、无附着污物，气室小的鸡蛋较好。保存时，应将蛋尖朝下，并摆放在避光通风、凉爽干燥的地方，避免高温、潮湿环境，也不可存放在密闭容器内。

 蒸蛋变化菜肴

蛤蜊蒸蛋、肉末蒸蛋、干贝蒸蛋、葱花蒸蛋。

 鸡蛋营养功效

鸡蛋有补充气血、强化体质、防癌的保健功效，适宜体质虚弱、营养不良、贫血者，以及产后、病后、婴幼儿发育期食用；但腹泻、肝炎、肾炎、胆囊炎、胆结石患者忌食；老年人，高血压、高血脂与冠心病患者，每天吃鸡蛋不宜超过1个。

 试菜时间

茶碗蒸

材料

鸡蛋1个, 鲜虾1只, 蛤蜊1个, 香菇1朵, 鱼板3片, 高汤1杯。

调味料

盐1小匙, 米酒1／2小匙。

做法

1. 所有材料洗净, 鲜虾去头及壳, 香菇刻花, 备用。

2. 鸡蛋打入碗中, 加入1／2杯温水拌匀, 再加入高汤及调味料一起拌匀, 过滤后放入蒸锅, 以中火蒸约3分钟至蛋汁凝固。

3. 揭开蒸锅盖子, 放入剩余的所有材料, 转大火续蒸至表面凝固即可。

COOKING POINT!

用干净无油容器打蛋

蒸蛋时, 若发觉蛋汁怎么蒸都蒸不熟, 可能是因为蛋汁里含有油脂的关系。因此打蛋时要注意, 宜用干净无油的容器, 即可避免蛋汁出现无法凝固的现象。

蒸蛋时最常犯的错

调蛋汁时加的水要用温开水, 切忌用冷开水, 冷水会使蒸蛋内部出现蜂窝现象, 很不好看; 入蒸锅7～8分钟后, 取出蒸蛋碗稍微倾斜, 当蛋液凝结不流动时, 就可以离火了, 蒸蛋时间过长表面会出现小孔, 影响美观、口感也不够软嫩。

 ## 活用技法：蒸

以蒸的方法烹调菜肴, 最大特色就是味道清淡爽口, 不油腻, 以隔水加热的蒸汽将食材催熟, 可以保持食材原来颜色和原来味道。

Q 如何做出外熟内嫩的蛋卷？

 1. 打蛋时，将筷子微微撑开，轻轻打散蛋汁，搅拌时间不宜过久，并不可打到发泡，以免蛋汁失去黏稠感。

2. 蛋汁先加入少许盐，以小火、少油热锅，将蛋汁倒入锅中后，快速将锅端起旋转，让蛋汁均匀地摊满整个平底锅。

3. 待蛋皮表面凝固，用筷子从蛋皮的底侧稍卷后提起，翻提一半时，再翻边略煎即可。

 **甜蛋卷**

材料

鸡蛋3个，细砂糖15～20克，水1小匙。

调味料

盐少许，色拉油适量。

做法

1. 鸡蛋打入碗中，用筷子打散至乳黄色，加入细砂糖、盐和水拌匀。

2. 平底锅烧热，转小火，倒入少量色拉油摇晃一圈，使油均匀沾满锅面。

3. 慢慢倒入一部分蛋液，煎成一片薄蛋皮，以锅铲将蛋皮翻起来，往前面推卷成圆筒状，停靠在锅边缘。

4. 再倒入一些蛋液，煎出另一片薄蛋皮，将前端卷好的蛋卷翻卷回来，重新卷一次。

5. 若油量不足可加入少许新油，如此来回重复，将蛋液分次倒入锅中煎、卷，来回推滚成厚蛋卷，直到蛋液倒完为止。

COOKING POINT!

日式厚煎蛋的做法

用海带、柴鱼片烹制佐料汁，将蛋汁与砂糖、料酒、盐、佐料汁一起搅拌均匀，就可以煎出色香味俱全的日式厚煎蛋，蛋与佐料汁的比例是5个蛋加4大茶匙的佐料汁。

如何把蛋炒得松软？

A

1. 打蛋之前，一定要将容器洗净、擦干，打蛋时把蛋黄与蛋白有规律性的以同一个方向均匀搅拌，避免蛋黄及蛋白因凝固温度不同，口感变老硬。
2. 蛋汁中加少许盐调味，可避免蛋汁过快熟透。
3. 炒1个蛋用15毫升左右的油即可，油量过多会使蛋汁凝结不匀，表面会产生小气泡。
4. 待锅热再倒入蛋汁，转小火，待蛋汁略微凝固之后再开始拌炒，拌炒时锅铲要不断搅动，避免蛋汁结块，导致口感太硬太老。

 试菜时间

西红柿炒蛋

材料

鸡蛋3个，西红柿2个，葱段少许。

调味料

盐1小匙，糖1大匙。

做法

1. 鸡蛋打散，加少许盐；西红柿洗净、切成不规则块状备用。
2. 锅中倒入适量油烧热，将蛋汁放入热油中炒熟，盛出。
3. 锅中倒入少许油烧热，爆香葱段，放入西红柿块，加入少许水及调味料拌炒，再倒入炒蛋拌炒均匀即可。

COOKING POINT!

鸡蛋烹调要领

炒蛋：火旺、油多、油热、蛋汁打松散，入锅后快速翻炒。

蒸蛋：蛋汁搅拌好后要加温水混合，蒸锅里水煮开后才可以放入，以小火蒸熟。

鸡蛋与其他食材混炒：把食材与鸡蛋分开炒，然后混合，这样炒出的菜色才会好看。

Q 茶叶蛋如何煮才能入味？

1. 将蛋与冷水、盐一同下锅，若蛋刚从冰箱取出，必须先回温，中火煮沸后转小火煮3分钟，捞出蛋，放入冷水中浸泡，使蛋白与蛋壳分离。
2. 将蛋壳轻轻敲出裂缝。
3. 将蛋放入锅里，加入适量冷水，放入红茶（茶叶或茶包皆可）、酱油、八角、红糖、五香粉、小茴香（或大蒜）及适量盐，大火煮沸，再以小火卤1个小时，熄火后闷2个小时。
4. 放凉后，将蛋在卤汁中再浸泡卤汁一天会更入味。

 **五香茶叶蛋**

材料
鸡蛋10个。

调味料
红茶包2个，八角4粒，酱油1杯，水10杯，盐1小匙，五香粉1／2小匙。

做法

1. 鸡蛋洗净，放入深锅中，加入半锅冷水与少许盐，以中火煮至水沸，转小火煮12分钟，捞出鸡蛋，用筷子将蛋壳轻敲出裂痕。
2. 起一锅新水，放入调味料煮开，再加入水煮蛋以小火卤1个小时，熄火闷2个小时，待食用前再捞出即可。

COOKING POINT!

用筷子确认水煮蛋熟度
要测试水煮蛋是否已熟，可用筷子夹取，若可轻易把蛋夹起来，则表示蛋已煮熟。

Part 7 米面类

Rice & Noodle

如何煮出好吃的米饭？

正确煮饭三步骤：

1. 快速洗米：不要直接使用电饭煲的内锅来洗米，取另一个锅，加入大量冷水，以手轻柔、快速地画圈洗米，约半分钟即可倒掉洗米水，再重复洗米1～2次，整个洗米过程不超过3分钟，才不会破坏米粒的完整。

2. 事前浸泡：将米洗干净后，加好水量，浸泡20～30分钟，让米心也能充分吸水。

3. 水量适中：煮饭的水量有时不好控制，若手边没有量杯时，可用手掌来试，将洗好的米铺平在内锅中，倒入清水，想吃硬一点略带嚼劲的米饭，就将水加至手指根部位置，喜欢软一点口感，以不超过手掌为准。

米饭美味小秘诀：

1. 加色拉油增加光泽：可在水中加入一点米酒或色拉油，让米饭有光泽。

2. 闷10～15分钟：饭煮好后，再闷上10～15分钟，才可掀开锅盖。

3. 打松米饭：盛饭前，用饭勺由锅底往上翻动，把冷空气打到米饭里，让多余的水汽排出，这样的米饭晶莹剔透，好吃又好看。

COOKING POINT!

米煮不熟怎么办？

如果米心不熟的话，可以加少许米酒洒在米饭上，再焖煮一下，就可让米心熟透了。陈米煮出来的米饭毫无香气，可在在入锅前加少量色拉油，再放入电饭煲里煮，也可以煮出亮晶晶、香喷喷的白米饭。

如何做出香喷喷的卤肉饭？

A 1. 卤肉饭要好吃，猪肉的肥瘦比例很重要，以肥瘦比例2：1的为准，将猪肉切成小丁（不要用绞肉），做出的卤肉口感会更好。

2. 将红葱头或油葱酥炒香后，再放入猪肉丁，以中火翻炒至猪肉呈金黄色，再加酱油与调味料，直到调味料入味，再加水卤煮。

3. 淋入少许米酒拌炒香菇及配料，味道会更香。

4. 加入少许冰糖，可让肉的口味多一点甜而不腻的层次变化。

 试菜时间 **卤肉饭**

材料

五花肉150克，猪皮80克，红葱头5粒，香菇1朵。

配料

蒜头酥8克，红葱酥25克，五香粉、肉桂粉各5克，胡椒粉适量。

调味料

鲜鸡粉1小匙，酱油膏1大匙，米酒2小匙，冰糖18克，陈年酱油适量，清水2杯。

做法

1. 香菇泡软，洗净切丁；红葱头洗净切末；五花肉洗净，切小丁；猪皮洗净切丁。

2. 锅中倒入1大匙油烧热，爆香红葱头、香菇及配料，加入五花肉及猪皮炒匀，再加入调味料，改小火炖煮约45分钟至入味。

3. 将卤汁淋在饭上即可，也可搭配卤蛋、油豆腐、腌黄萝卜等食用。

COOKING POINT!

调味料依个人口味增减

肉臊子最难拿捏的就是酱油、水、冰糖的比例，建议以基本比例当作第一次卤制基准，再根据个人口味需求而做增减，基本比例为：酱油：水：冰糖 ＝1：2：1/3，放入以上3项调味料后，依序再加上其他调味料一起搅拌煮熟即可。

Q 隔夜咖喱如何加热不变味?

A
1. 隔夜咖喱再度加热时,可加些牛奶或酸乳酪,咖喱饭的口味会更好。
2. 记得不可加水,以免味道越来越淡,反而会丧失咖喱的美味。

 试菜时间 ## 咖喱蘑菇烩饭

材料
咖喱粉50克,姜2片,小玉米2根,蘑菇、草菇各5朵,青豆、胡萝卜各50克,米饭1碗。

调味料
A料:麻油1½小匙。
B料:盐、麻油各1小匙,糖1/2小匙。
C料:水淀粉1大匙。

做法
1. 姜、胡萝卜洗净去皮,切片;蘑菇、草菇、小玉米洗净切丁;青豆洗净备用。
2. 锅中倒入A料烧热,放入姜片、咖喱粉爆香,加入全部配料及B料炒熟,加C料勾芡煮熟,铺在米饭上即可。

COOKING POINT!

让咖喱菜肴好吃的诀窍

用咖喱块做菜肴时,一小块要搭配400～600毫升的水一起烹煮,并不断搅动,以免汤汁及食材粘住锅底。如果在咖喱中再加入酸奶、椰汁、苹果泥、蜂蜜、橘子酱、芒果酱其中任何一样,会让咖喱美味的风味更胜一筹。

咖喱的保健功效

咖喱含有特殊的辛香味,辛辣、甜味的口感可以随个人喜好增减。为了方便使用,直接买市售的咖喱块即可。咖喱有增进食欲、促进血液循环、进行体内消毒等功效。

Q 如何熬煮黏稠香滑的粥？

A

1. 想煮出黏稠香滑的粥，要在水沸后再放入米，因为米和水的温度不同，造成米粒形成小小的裂缝，可让淀粉容易释出并溶于汤中。煮沸时无需关小火，继续大火煮，就可让粥变得黏稠，也更有利于人体消化和吸收。

2. 熬煮米粥时容易溢锅，在锅中加入5～6滴食用油，就可避免粥汁溢锅了。

试菜时间　皮蛋瘦肉粥

材料
皮蛋2个，咸蛋2个，白粥8杯，瘦肉200克。

调味料
A料：淀粉1大匙。
B料：盐适量。
C料：嫩姜丝适量，葱花少许。

做法
1. 皮蛋、咸蛋切块备用；瘦肉切薄片，加入A料拌匀。
2. 锅中倒入半锅水煮沸，放入白粥、肉片煮熟，加入B料、皮蛋块、咸蛋块煮匀，即可熄火。
3. 将煮好的皮蛋瘦肉粥盛在碗内，撒上C料即可。

COOKING POINT!

掌握煮粥水分的诀窍

要将粥煮得浓稠合宜，最重要的是掌握水量，白米和水的比例依照粥浓稠度各有不同。全粥：白米一杯，水8杯；稠粥：白米一杯，水10杯；稀粥：白米一杯，水13杯；米洗完后先浸泡30分钟，让米粒充分吸收水分，就可以熬出又软又稠的米粥。

蛋包饭的蛋皮该如何煎?

1. 煎锅内均匀涂上一层油,用中火持续加热20~30秒,至油面冒出小气泡就转小火,倒入打好的蛋汁。蛋汁可先加少许水淀粉打匀,以增加蛋皮张力。

2. 蛋汁要迅速倒进油锅,并不断转动让蛋液均匀,等一面熟了再翻面煎,就可以煎出漂亮的蛋皮。

西红柿挑选要诀

挑选西红柿要选择颜色均匀,外形圆润,蒂部滋润、呈鲜艳的绿色,握在手上有沉重感者。将蒂部挖除后,凹陷处要仔细清洗,洗好的西红柿可装在保鲜袋内,放入冷藏室保存。尚未成熟的西红柿可放在室温下保存。

蛋皮变化菜肴

蛋皮菠菜卷、蛋皮寿司、蛋皮手卷、蛋皮凉面。

西红柿营养功效

西红柿有预防癌症、减肥、降低血压的保健功效,可清热解渴、健胃利尿,适合于老年人和高血压、冠状动脉性心脏病、肾炎、肝炎、牙龈出血、食欲不振等患者食用。西红柿加其他食材一同烹调也有不同的营养效果,西红柿粥有生津止渴、健胃消食的作用;西红柿炒蛋可补脾养血、补肾利尿、滋阴生津、消渴去燥。

活用技法: 煎

煎蛋皮热锅时要小火、少油,蛋汁先加入少许盐及淀粉拌匀;蛋汁下锅后快速将锅端起旋转,让蛋汁均匀地摊满整个平底锅;待蛋皮表面凝固后,用筷子从蛋皮的底侧稍卷后提起,要先翻提一半,再慢慢翻边略煎即可。煎好的蛋皮待冷却后,可切成片或蛋丝搭配其他菜肴,煎蛋皮颜色鲜艳,可增加菜肴的口感和风味。

西红柿培根蛋包饭

试菜时间

材料

糙米饭450克，鸡蛋3个，西红柿1/2个，培根1片，香菜2～3根，乳酪粉1大匙，奶油1/2大匙。

调味料

A料：淀粉1大匙，盐1/2小匙。

B料：盐、黑胡椒粉各1小匙。

做法

1. 西红柿洗净，底部切十字，放入沸水中氽烫，捞出，撕掉外皮，取半个切丁；培根切小块；香菜去梗洗净，留下1根做装饰，其余的切末。

2. 鸡蛋打散，加入A料调匀，倒入热油锅中，煎成蛋皮备用；锅中倒1大匙油烧热，放入西红柿丁、培根炒匀，再加入糙米饭炒至干松，加入B料调匀，盛起，以扣模扣成椭圆形备用。

3. 蛋皮摊开，放入炒好的培根饭，撒上乳酪粉，慢慢翻卷起来形成蛋包饭，撒上香菜即可。

COOKING POINT!

用深碗倒扣蛋皮不易破

蛋皮煎好后，先取一只深碗，在碗内铺入保鲜膜，避免蛋皮粘破，再铺入蛋皮，填入适量炒饭，并将蛋皮四边向中摺合，再取一个浅底盘子倒扣在碗上，最后将碗翻转，蛋包饭即可顺利地倒扣入盘中。

新手烹调蛋包饭不失败秘诀

秘诀一：选用平底锅，可以更好地煎蛋皮。

秘诀二：蛋汁中加少许淀粉搅拌，使蛋皮张力更佳。

秘诀三：用碗倒扣蛋皮，即可做出漂亮的蛋包饭。

Q 如何炒出粒粒分明的炒饭？

 A

1. 要选冷饭，炒前将饭粒充分搅松，让饭粒更好地分散开来。炒饭的饭量尽量不超过3人份，以掌握炒饭的火候。

2. 先上锅热油，倒入蛋汁炒成蛋花，盛起备用。再倒入食用油加热，放入葱花、蒜末等辛香料爆香，加入冷饭炒匀，最后放入蛋花和其他配料。

3. 如果不喜欢干硬口感的炒饭，又怕加水会使饭粒糊掉，可加少许料酒一起拌炒。因酒精具有挥发的特性，水分不会残留在米粒之中，反而会使炒饭更香，且不会黏糊。

4. 炒饭时需掌握的要领：火要旺、油要热、锅要滑、动作要快，方能炒出颗粒分明的炒饭。

INFORMATION NOTES

 粳米的挑选要诀

选购：粳米要挑选米粒完整、呈半透明状，没有杂质和虫蛀、不发霉者为佳。

保存：粳米开封后，宜装在密闭容器中保存，并尽量于保存期限内食用完。

 粳米的营养功效

粳米是稻米碾去胚芽，脱掉米糠之后精制的白米，含有丰富的蛋白质和碳水化合物，是人体热量的最主要来源。粳米还含有维生素B_1、维生素B_2、烟碱酸等，维生素B_1可以促进碳水化合物的代谢，提供身体所需的能量，迅速恢复体力，消除疲劳；烟碱酸可以促进血液循环，有助于性荷尔蒙和胰岛素的合成。粳米还含有钾、磷、锌等营养成分。

 炒饭变化菜肴

虾仁炒饭、什锦炒饭、肉丝炒饭、火腿炒饭、三文鱼炒饭、香肠炒饭、酸白菜炒饭、培根炒饭、叉烧炒饭、菠萝炒饭、咖喱什锦炒饭、西红柿牛肉炒饭、猪肝炒饭、海鲜炒饭、意式墨汁炒饭、韩式泡菜炒饭、素炒饭。

 **试菜时间**

什锦蛋炒饭

材料

米饭300克，洋火腿50克，熟豌豆仁、洋葱各30克，鸡蛋1个，玉米粒30克。

调味料

盐1／3小匙，酱油1小匙，白胡椒粉1／4小匙。

做法

1. 鸡蛋打入碗中搅匀成蛋汁；洋火腿切丁；洋葱去皮，洗净切丁。

2. 锅中倒入2大匙油烧热，淋入蛋汁炒熟，盛出备用。

3. 锅中倒入1大匙油烧热，放入洋葱、火腿炒香，加入米饭及豌豆、玉米粒，最后加入炒蛋、调味料炒匀即可。

COOKING POINT!

炒饭用油的选择

想要炒出香味十足的炒饭，用油以猪油为佳。但猪油热量很高，不符合现代人健康养生的观念，我们也可以选择两三种将植物油混合，也可炒出有独特香味的炒饭，譬如：葵花油、蔬菜油与麻油一起混合，炒出来的饭粒就有淡淡的清香。

适合炒饭的锅具

炒锅是做蛋炒饭的最佳选择，因为其锅身是内凹式，非常方便锅铲翻炒。炒饭时，正确的动作是拿着锅铲，沿着锅底翻动食材，把下面的材料不断地翻炒上来，以求熟度与颜色保持一致，达到色香味俱佳。

 ### 活用技法：炒饭

炒饭时最大的要诀便是大火快炒。如果家中煤气的火力不够大，可以将两个灶子交替使用。一个灶用来烧热干锅，另一个灶则正常进行炒饭，待干锅温度够热时，再把正在炒的食材和饭料全部倒入热腾腾的干锅中快炒，也可以达到大火快炒的效果！

Q 牛肉炒饭怎么炒牛肉不会老?

A

1. 先用大火炒散牛肉，再加入米饭和其他配料，将锅提起、翻动数下，使饭粒和配料混合均匀，最后再加入调味料提味。

2. 如果饭的分量不多，仅有2～3人份，不妨把调味料和香辛料先加入熟饭中混合拌匀，然后再炒，这样可以提高炒饭的速度，也能避免牛肉过老、不好吃。

试菜时间 沙茶牛肉炒饭

材料

牛里脊肉300克，芥蓝菜100克，米饭1碗，葱1根，红辣椒1个，大蒜1瓣，洋葱1／4颗。

调味料

A料：蛋黄1个，水淀粉、盐、糖、酱油各1小匙。

B料：沙茶酱1大匙，盐、胡椒粉、糖各1小匙。

做法

1. 将除米饭以外的所有材料洗净。葱切段，洋葱切丝，大蒜、红辣椒均切片；芥蓝菜切斜段，放入沸水中氽烫，沥干水分备用。

2. 牛里脊肉切片，放入碗中，加入A料腌约10分钟，过油略炸，捞出，沥干油分备用。

3. 锅中倒1大匙油烧热，放入葱段、辣椒片、大蒜、洋葱炒香，加入其余所有材料炒匀，再加入B料，大火快炒入味即可。

COOKING POINT!

蛋黄抓拌再过油更软嫩

牛里脊肉片先用蛋黄抓拌，再过油炸，这样炒出来的牛肉比较软嫩，还会散发出蛋黄的甜味。

Q 乌龙面如何煮才会弹牙?

A

1. 生乌龙面不易煮熟,可以在煮面时加入1小匙食盐,以凝集面粉中的面筋,便可轻易煮熟。熟乌龙面用沸水烫一下即可食用。

2. 生、乌龙面在煮熟后,都须用冷水漂洗,如此一来,面条才会有弹性。

3. 锅中加水,煮至锅底有小气泡时,下入面条,轻轻搅动几下,盖上锅盖等水开,再加入适量冷水,再等水开,即有香软光滑的乌龙面。

4. 煮面时不宜用大火,大火会使面条表面形成黏膜,让热度不易往面条内部传导,且面条在沸水中翻滚时会使汤汁变糊。

试菜时间 白汤猪骨拉面

材料

拉面150克,卤蛋半个,上海青2棵,鱼板2片,鱼丸2粒,卤肉厚片3片,猪大骨高汤2碗。

调味料

盐1小匙,七味辣椒粉少许。

做法

1. 拉面放入沸水中煮熟,捞起,盛入碗中;上海青洗净,放入沸水中煮熟,捞起,沥干备用。

2. 猪大骨高汤加热,放入卤蛋、卤肉厚片、鱼丸及鱼板煮至入味,加入调味料调匀,捞出摆在拉面上,摆上小青菜,加入猪大骨高汤即可。

COOKING POINT!

一定要学会的煮面技巧

加盐避糊烂,加油避粘结。煮面条时,在水里加少量盐,面条就不容易糊烂;加一些食用油,面条便不会粘结成团,也可防止面汤起泡、溢锅。

Q 面条如何煮才不粘锅?

 A

1. 等锅中的水沸了才能放入面条，待水再度煮开后，加入1杯冷水，再煮至面熟。

2. 当面条粘在一起时，可在锅中放入1小匙食用油，可改善粘锅现象，面汤也不易外溢。

试菜时间 榨菜肉丝面

材料

面条、里脊肉、榨菜各112.5克，油葱酥2大匙，胡萝卜片2片，上海青2棵，猪骨高汤2碗。

调味料

酱油膏2大匙，水1碗，糖1小匙。

做法

1. 榨菜、里脊肉洗净，切丝；上海青洗净，和胡萝卜片一起放入滚水中煮熟，捞起备用。

2. 起锅倒少许油烧热，放入里脊肉丝炒至颜色变白，加入榨菜丝拌炒均匀，最后加入油葱酥及调味料煮沸，转小火煮20分钟至入味。

3. 面条放入沸水中煮熟，捞起，盛入碗中，放上炒好的榨菜肉丝，冲入热高汤即可。

COOKING POINT!

榨菜烹煮前先泡水

脆香的榨菜，是取芥菜肥大根茎部加工腌渍而成，咸味偏重。市场上买到的榨菜，大都暴露在空气中，时间一久，榨菜就会变得有点坚硬。超市里的真空包装榨菜，能较好地维持一定香脆的口感。榨菜烹煮前，一定要用清水反复浸泡，才能减少盐分，避免菜肴过咸。

面线如何煮才不会糊？

A
1. 煮面线的水量要多一点，并加入少许食用油，如此可增加润滑度，使面线下锅煮时不易结成块。
2. 面线煮的时间不宜过久，以免煮糊。
3. 面线下锅前，可以先剪成小段，然后再煮，也可避免结成糊块。

试菜时间

当归鸭面线

材料
鸭腿1只，红面线200克，细姜丝75克。

中药材
当归2片，黄芪75克，熟地1 / 2片，川芎1两。

调味料
米酒1大匙，盐少许。

做法
1. 鸭腿去毛，洗净，放入沸水中汆烫，捞出备用；姜洗净，切细丝。
2. 锅中倒入适量水，放入中药材、鸭腿，大火煮沸后，转中小火熬煮至鸭腿软烂，加入调味料，备用。
3. 红面线剪成小段，以清水洗净，放入做法2中，煮熟，连同鸭腿一起捞出，盛入碗中，加入滤过后的汤汁，撒上姜丝即可。

COOKING POINT!

保持面线汤汁清爽的诀窍

面线烹调前需用清水冲洗，充分去除盐分以降低过咸的口感，并保留面线香味。面线和当归鸭要分开煮熟，以免面线的淀粉质与面筋溶入汤中，造成汤汁过于浓稠，整体的口感会变成黏糊不清爽。

煮面线时可加少许麻油

如果要做干拌面线，可以在煮面线前先加入适量麻油，然后再放面线，或在盛起面线时，加入麻油拌匀。不可用色拉油，以免影响面线的味道。

Q 牡蛎面线怎么煮牡蛎不变小？

A 牡蛎肉质软嫩，鲜味十足，且含有大量水分。为了保持牡蛎鲜甜的滋味，可以先将牡蛎沾一层地瓜粉，再进行汆烫，地瓜粉吸水性强又粗糙，能将牡蛎表面的黏膜搓去，既除腥味还可以形成保护膜，有效防止牡蛎的鲜味在加热的过程中流失。

试菜时间 牡蛎面线

材料

红面线110克，大蒜3瓣，牡蛎150克，猪大肠70克，红葱头5粒，柴鱼片2大匙，虾皮1大匙，香菜少许。

调味料

A料：地瓜粉水4大匙。

B料：八角1粒，花椒1小匙，米酒1大匙，水3杯。

C料：胡椒粉1／2小匙，酱油2大匙，糖、盐、香油各1小匙，高汤6杯。

做法

1. 红葱头洗净切片；香菜洗净切小段；大蒜去皮磨成泥；大肠洗净，加入2大匙盐搓揉去腥，再以清水冲净，放入锅中，加入B料煮1个小时，熄火，闷40分钟，捞出，切小段备用。

2. 牡蛎洗净，沥干，放入碗中以2大匙地瓜粉水抓拌均匀，放入沸水中烫熟，捞出，沥干；红面线剪短，放入水中泡10分钟，捞出。

3. 锅中倒入1大匙猪油烧热，爆香红葱头及虾皮，加入C料及柴鱼片，煮开后再加入红面线煮熟，淋入A料勾芡，最后加入牡蛎及大肠，盛出，撒上蒜泥及香菜即可。

COOKING POINT!

用冷水冲增加面线弹性

面线煮熟后，可以冲入冷水，以增加面线的弹性，其口感会更好，面线的汤汁要先勾好芡，再加入煮熟的面线，这样汤料里的食材与面线都能保持各自的品味，也不会黏黏糊糊结块，再加上适当的调味料，就是一碗美味的面线羹。

米粉如何炒才不会粘成团？

1. 米粉炒之前，应先泡冷水或温水，不能用热水，因为泡过热水的米粉炒起来容易断裂。

2. 米粉浸泡的时间不宜过久，以1个小时左右为宜，泡软后捞起，沥干水分备用。

3. 炒米粉时，一定要等所有材料炒入味，再放入米粉，以免米粉炒太久变糊烂。米粉下锅后，要立即加入热高汤或水一起拌炒，以免米粉遇热后，容易粘锅底烧焦。

4. 可以同时使用筷子与锅铲一起炒拌，以筷子将米粉翻散，再利用锅铲将材料与米粉均匀混合，这样米粉就不会结成一团。

 试菜时间　**炒米粉**

材料

米粉半包，猪肉丝、圆白菜丝及胡萝卜丝各50克，虾米20克，韭菜30克，干香菇2～3朵。

调味料

A料：酱油1大匙。

B料：盐1／2小匙，高汤1杯。

做法

1. 韭菜洗净，切段；米粉泡温水至软，沥干；干香菇泡软，去蒂，切丝；虾米洗净，泡软，沥干。

2. 锅中倒入1大匙油烧热，爆香虾米、香菇丝，放入猪肉丝，炒至8分熟，加入A料拌炒，再加入圆白菜丝、胡萝卜丝及B料煮开，最后加入米粉、韭菜段炒至汤汁收干即可。

COOKING POINT!

虾米要充分爆香

虾米一定要充分爆出香味，炒米粉才会香气四溢，加入适量高汤一起炒，味道会更浓郁、好吃。

小火焖煮更入味

当全部材料及米粉炒匀后，盖上锅盖以小火焖煮一下，让米粉吸收汤汁，炒出的米粉会更入味好吃。

煮饺子总共要加几次水？

1. 等水煮沸后，再放入饺子，并用勺子轻轻搅拌，避免饺子粘锅底。水量一定要足饺子才不会糊。
2. 煮饺子一般加2次水即可，但也要以饺子的馅料及大小来考量。如果饺子大、馅料多、煮饺子的锅小、水量又不够多，加3次水会更好。
3. 每次的加水量不要太多，以免饺子皮过软。
4. 饺子刚下锅时，不要盖上锅盖，等饺子皮煮熟后再盖上。

试菜时间 大白菜水饺

材料

冷水面团1份，大白菜1个（约800克），猪绞肉300克，葱2根，姜3片，虾米20克。

调味料

麻油1大匙，胡椒粉1小匙，盐、色拉油各2大匙。

做法

1. 大白菜洗净，剁碎，加入盐抓捏出水。
2. 猪绞肉再剁碎；葱、姜分别洗净，均切成细末；虾米洗净后泡水，沥干水分，切碎。
3. 碗中放入猪绞肉，加入葱、姜末虾米及调味料拌匀；再加入白菜末拌匀，即成馅料。
4. 冷水面团搓成长条，分成小段，擀成圆薄形饺子皮；饺子皮摊开，放入馅料；收口捏紧，包成半月形。
5. 将包好的饺子放入沸水中煮开，加入1杯水，待水沸后再加1杯水煮开，饺子即可盛盘。

COOKING POINT!

适合搭配水饺的酱料

适合与水饺等面食搭配的酱料有：酱油、麻油、香油、花椒油、白醋、陈醋、蒜末、辣椒酱、辣椒丁等，可依个人喜好，斟酌分量调制。

Part 8 汤品类

Soup

[基本高汤的制作]

鸡肉高汤

材料

老母鸡肉1200克，姜1大块（约100克），清水15杯。

做法

1. 老母鸡肉洗净、切块，放入沸水中余烫3分钟，去除腥味和血水，捞出冲净。
2. 锅内加入15杯水煮沸，放入鸡肉、姜块，大火煮沸改小火熬4个小时，至鸡肉熟烂，水量减少一半，过滤后即可。

猪骨高汤

材料

猪大骨约600克，五花肉600克，葱1根，姜1小块，水8～10杯。

做法

1. 猪大骨洗净，放入沸水中余烫3分钟，去除血水后捞出冲净。
2. 锅中倒入10杯水煮沸，加入猪大骨和五花肉、葱和姜，大火煮沸改小火煮2～3个小时，至水量剩下一半即可。

羊肉高汤

材料

羊肉600克，生姜1块，米酒2大匙，水8～10杯。

做法

1. 羊肉切小块，余烫去血水后，捞出冲净。
2. 锅中倒入10杯水煮沸，放入羊肉、姜块和米酒一起炖煮1个小时即可。

牛骨高汤

材料

牛大骨约600克，牛腱600克，葱1根，姜1块，水10杯。

做法

1. 牛大骨、牛腱均放入沸水中余烫，至汤汁变浊，水面浮现小泡沫和杂质，即可捞出冲净。
2. 再放入大锅中，加入清水，大火煮沸改小火煮2～3个小时，至锅中水量减少一半，捞出滤渣，留下汤汁即可。

排骨高汤

材料

猪肋排600克，葱2根，姜3片，米酒1小匙，水15杯。

做法

1. 猪排骨洗净，放入沸水中余烫5分钟，至骨髓中的杂质浮出水面时捞出，冲去血水和浮沫，洗净。
2. 锅中加入15杯水煮沸，放入排骨、葱、姜、米酒，大火煮沸改小火熬煮1～2个小时，至水量减少一半即可。

蔬菜高汤

材料

胡萝卜1根，土豆、洋葱各2个，圆白菜1棵，西红柿3～4个，水10杯。

做法

1. 胡萝卜、土豆、洋葱分别洗净，去皮切块，圆白菜洗净，剥开叶片。
2. 锅中倒入10杯水煮沸，放入胡萝卜、土豆和圆白菜煮1个小时，加入西红柿再煮1个小时，至水量减少一半，捞出滤渣，留下汤汁即可。

鲜鱼高汤

材料

鲜鱼1尾，姜1大块（约80克），葱2～3根，米酒1～2大匙，水8杯。

做法

1. 鲜鱼去除内脏，洗净；姜去皮洗净，切2～3小块；葱洗净切段。
2. 锅中倒入水煮沸，放入鲜鱼、姜块和米酒煮20～25分钟，加入葱段再煮5分钟即可。

柴鱼高汤

材料

柴鱼75克，海带结100克，洋葱1个，水10杯。

做法

1. 洋葱去皮、切丁，放入大锅中加水煮沸，再加入海带结熬煮1个小时。
2. 加入柴鱼，熄火，浸泡1夜至柴鱼入味即可。

[煮汤器具]

炖锅

炖锅所使用的锅具可选择耐热的瓷锅，直接放在煤气炉上炖煮；或者是可轻松熬煮的电子炖锅，方便忙碌的主妇选用。

插电使用的电子瓷锅，只要在锅中放入材料，加入适量的水，插上电源，视需要调整开关，火力较强的高段位炖煮的时间较短，而火力较弱的低段位，炖煮时间就比较长，煮到开关跳起，一锅汤就完成了。

开关跳起后，别急着打开锅盖，利用保温效果多闷15分钟左右，让锅内的余热持续蒸煮食物，汤品会更加入味。

砂锅

用陶土或砂土烧制而成的砂锅，可以禁得起长时间的炖煮，常用于煲汤或较花工夫的炖汤，其特色是能够让食材的美味完全发挥。

由于砂锅的保温效能非常好，砂锅煮出来的汤品汤汁浓郁，还能保持食材的原汁原味及营养成分。不过砂锅的导热性较差，一不小心就很容易龟裂，使用与保养时要特别留意。

电锅／电子锅

电锅适用于隔水加热的间接加热法，这样能够避免食材翻滚碰撞，既维持食材的外观完整，又确保营养不流失，蒸炖汤品的效果很好。

电锅分为内锅及外锅，煮汤时必须先把食材放入内锅，加水盖过食材的表面，再于外锅中倒入适量的水，盖上锅盖、按下开关，电锅就会自动以热蒸汽的加热方式渗透到食物内部。其发散的热力很均匀，因此食物在烹调过程中的原味也能留存。

强调有定温功效或多重功能的电子锅，虽然保温效果比较好，但因为是从底部直接加热，食物容易翻滚碰撞，造成食物组织与营养的破坏。如果讲求快速方便，电子锅是首选，但其口感不及电锅来得好。

汤锅

无论煮哪一种口味的汤品，传热速度快、聚热性佳、锅底厚实且锅身沉重的汤锅，都是不错的选择。

底部细薄的汤锅很容易导致锅底沾粘烧焦，一般的不锈钢或铝合金锅可以减少这种情形。汤锅的种类很多，锅身也有大小差异，可依照不同的烹调方式与容量自由选择。

Q 如何煮一锅好汤？

A

1. 煮汤时，应尽量选用足够大的锅，一次放够水，然后慢慢熬煮汤头。切忌随时加水，否则会破坏汤的味道。

2. 随时将浮沫捞出，但不要将油脂一起捞出，等汤熬煮完成后，再将油脂去除。

3. 煮好的汤如果太咸，切记不要再加水进去，可以将西红柿切成薄片再放入汤里，或是放入一个去皮的土豆，再煮15分钟后将其捞起，就不会太咸了。

试菜时间 冬瓜海鲜汤

材料

冬瓜300克，海参、虾仁、鱼肉各150克，干贝50克，姜3片，葱末1大匙，清水1200毫升。

调味料

盐适量。

做法

1. 冬瓜去皮，洗净，去籽后切小块；海参洗净，切成4块；虾仁洗净，挑去除泥；鱼肉洗净，切斜块；干贝泡软，撕成细丝备用。

2. 锅中放入1大匙油烧热，放入姜片爆香，倒入清水以大火煮开，放入冬瓜续煮15分钟。

3. 放入海参、虾仁及鱼片、干贝，以小火续煮15分钟，起锅前加入盐调味，撒上葱末即可。

COOKING POINT!

挑选海参小诀窍

海参分为已发泡的和干品两种，市面上出售的大多是已经过发泡，选购时应挑选外形短胖、表面尖疣明显、坚硬有弹性者，较为新鲜；过于柔软且粘腻者，品质较差。至于干海参，因为其发泡过程繁复，一般家庭较少选用。

海参的营养价值

海参的蛋白质丰富，且易于消化，对于发育中的幼儿很有帮助，老年人多吃海参也可降低血压。

Q 炖汤的食材应何时下锅？

A

1. 炖汤的食材通常体积较大、组织结构紧密，应该从冷水就下锅煮，让食材随着加热的过程，慢慢释放出营养与香气。
2. 若在沸水中加入食材，原料外层突然受到高温作用，表面会凝固，从而阻碍食材本身的蛋白质等营养素释放，汤头也不够鲜美浓郁。

试菜时间

牛肉罗宋汤

材料

牛腩450克，西红柿2个，土豆、洋葱各1个，葱末1大匙，清水6杯。

调味料

A料：胡椒粉1／4小匙。

B料：盐1小匙。

做法

1. 牛腩洗净；西红柿洗净，去蒂；土豆洗净，去皮；洋葱去皮，全部材料切小块备用。
2. 汤锅中倒入半锅水烧开，放入牛腩汆烫，捞起，沥干水分备用。
3. 锅中放入牛腩、西红柿、土豆及洋葱，加入A料及清水，盖紧锅盖以大火煮开，转小火续煮15分钟，起锅前加入B料调匀，撒上葱末即可。

COOKING POINT!

选牛腩看色泽

　　牛腩富含蛋白质及铁质，有补脾固肾、活络筋骨、补强元气、增益气血的作用。购买时，要选择色泽鲜红、肉质有弹性者。如果打算在2～3天内食用，可以选择本国牛肉，其肉质较新鲜，否则以选购冷冻牛肉为佳，其保存期限较长。

罗宋汤的变化

　　罗宋汤来自于俄国，汤头的主要材料为牛肉，副材料可以自行变化，比如在汤中加入胡萝卜、西芹等西式蔬菜一起炖煮。

Q 煮汤时为何不可以先加盐?

A

1. 盐的渗透力,会使蛋白质过早产生凝固作用,使食材无法充分吸收汤汁、其表面也会变硬。

2. 最好在汤要起锅前,才加盐调味,万一汤味过咸,也可以用滤茶袋或卤味包的小布袋装些面粉,再放在汤里煮一会儿,就可稀释咸味。

试菜时间 菠菜猪肝汤

材料

菠菜、猪肝各200克,姜3片,姜丝1大匙。

调味料

A料:酱油1小匙,淀粉2小匙。

B料:高汤6杯。

C料:盐2小匙。

做法

1. 菠菜洗净,切段;猪肝洗净,切片,放入碗中加入A料拌匀,腌10分钟备用。

2. 腌好的猪肝放入沸水中氽烫,捞出,沥干备用。

3. 汤锅中倒入B料煮开,放入姜片及猪肝煮熟,加入菠菜及C料调匀,撒上姜丝即可。

COOKING POINT!

猪肝需氽烫去血水

不论是烫煮或煎炒,猪肝在烹调前一定要去血水。沸水时下锅,烫10秒起锅,立即冲冷水去除血水杂质。若要煮猪肝汤,需另起锅煮水,避免汤汁混浊。

Q 贝类煮汤好喝的秘诀?

A
1. 烹煮前先清洗,之后最少泡水30分钟,才可以取出烹调。
2. 贝肉较肥厚者,贝壳内部容易有腥味和其他杂污,烹煮前可以用热水氽烫,去除腥味及杂污,煮出来的汤头也比较清澈。
3. 制作勾芡的羹汤,必须先勾芡再加入贝类,并可以加入少许米酒提鲜,同时边煮边搅拌,避免汤汁结块而影响口感。

试菜时间 瑶柱萝卜蛤蜊汤

材料
白萝卜375克,蛤蜊、排骨各300克,干贝40克,姜2片,清水6杯。

调味料
盐1 / 2小匙。

做法

1. 白萝卜去皮,洗净,切块;干贝泡软,撕成细丝;蛤蜊泡水吐沙备用。
2. 汤锅中放入白萝卜、排骨、干贝及姜,倒入清水,以大火煮沸后转小火煮40分钟,放入蛤蜊续煮3分钟。
3. 起锅前加入盐调味即可。

COOKING POINT!

吐沙时可加1匙盐

烹煮蛤蜊或其他贝类前,需泡水让其吐沙,在水中加入1大匙盐,并放入1把铁汤匙,可加快贝类吐沙的速度。

干贝泡发有诀窍

干贝在烹调前要先泡发,放在沸水中直接泡虽然快速,但是鲜味全失;最好放在冷水中浸泡3~4个小时,再蒸1~2个小时,才能保留干贝的鲜味不流失。

Q 如何煮出香浓的味噌汤？

A
1. 味噌是浓缩发酵品，通常只要用一点就很够味，若经过长时间熬煮，高温会使其鲜味及发酵香味丧失，只留下咸味。因此，应注意控制好煮汤时间。

2. 以2∶1的比例调配白味噌与红味噌，煮出的味噌汤最顺口香浓。加少许糖、水与味噌调匀，糖可收敛味噌的咸味，让汤的味道更顺口。

3. 调好的味噌汁先过筛去掉颗粒，口感更均匀细致。如果不用水调匀味噌，也可将味噌放在沥勺上，用大汤匙挤压味噌，再倒入煮沸的汤中。

4. 煮味噌汤时，最好先将材料煮熟，再加味噌酱拌匀，煮沸就立即熄火。

5. 建议夏天的味噌汤应煮清淡些，冬天则可以多加点味噌，煮得浓郁点。

 **试菜时间** 味噌汤

材料
豆腐100克，葱1／2根。

调味料
A料：红味噌20克，水1杯。
B料：白味噌40克，水2杯。

做法
1. 豆腐以凉开水冲净，切块，放入碗中；葱洗净，切末。
2. A料和B料分别放入碗中调匀，过筛备用。
3. 红味噌、白味噌汁倒入锅中混合均匀，大火煮沸。
4. 将煮沸的味噌汁冲入豆腐碗中，撒上葱末及香菜末即可。

COOKING POINT!

日式高汤做底，汤头更甘甜

用100克柴鱼、长约20厘米的海带和12杯水，一起倒入锅中，加入少许小鱼干，水沸后转小火煮5分钟，就是日式高汤，以日式高汤作汤底煮味噌汤，汤头更甘甜香醇。

海带汤怎么煮最快软?

Q

A

1. 使用海带干烹调前,将其先放入蒸笼内蒸30分钟,取出后在水中浸泡2个小时,可让海带干变软易煮,缩短烹调时间。

2. 海带是不容易熟的食材,煮太久又会变硬。煮海带汤时,在汤里加些醋,可软化海带;若是以骨头汤来煮海带汤,醋也可让骨头中的钙、磷与矿物质充分溶解在汤中,让汤更营养。

试菜时间 海带排骨汤

材料

排骨300克,海带200克,姜30克。

调味料

盐1大匙。

做法

1. 海带放入水中浸泡15分钟,捞出备用。

2. 海带放入沸水中汆烫,捞出,沥干;姜去皮洗净,切丝。

3. 排骨洗净,切小块,放入沸水汆烫去除血水,捞出,沥干。

4. 锅中倒6杯水,放入排骨以小火煮20分钟,加入海带及姜煮软,再加调味料调匀即可。

COOKING POINT!

先烫再煮快熟软

选购海带时,应挑选颜色墨绿,体型宽大、质地柔软厚实者,会比较新鲜;海带适合煮汤、凉拌、红烧、炖卤,烹调前先烫过再煮,可以比较快熟软,也更易入味。

如何煮出清澈的排骨汤？

A
1. 将排骨放入沸水汆烫去除血水，然后加2片姜和适量水，以快锅炖煮45分钟。如果家中没有快锅，也可用其他锅炖煮，但熬煮的过程中要不断舀去冒出的浮沫。
2. 待汤冷却后，先将其放入冰箱下层冷藏，使油脂凝结于汤的上层，捞去凝结的油脂后再加热食用，就可以吃到既营养又不怕长胖的清澈排骨汤。

玉米排骨汤

材料
小排骨300克，玉米100克，姜3片，香菜适量。

调味料
盐1小匙。

做法

1. 小排骨洗净，放入沸水中汆烫，捞起，以清水冲净；玉米洗净，切块备用。
2. 锅中倒入半锅水烧开，放入小排骨煮15分钟，加入玉米、姜片续煮10分钟，最后加入调味料，撒上香菜调匀即可。

COOKING POINT!

煮汤的秘诀

煮汤的八字诀就是"旺火烧沸，小火慢煨"。小火才能让排骨的蛋白质完全溶解出来，使排骨汤香浓又清澈；煮汤的水量要一次加足，不要中途再加水，通常煮汤用水量是煨汤主要食材的3倍量。

Q 隔水炖汤与直接煮汤的差别？

A
1. 隔水炖汤与直接煮汤，这两种烹调方式都要先将主食材烫去血水。
2. 隔水炖汤是指将氽烫过的食材洗净后，再加入清水，放入炖盅隔水炖。因为有密闭盖，可隔绝水蒸气，炖出来的汤汁更清爽不混浊、保持原汁原味，且食材的外形更完整，适用于大块食材。直接煮汤则是将锅直接放于火上加热熬煮，其汤汁愈煮愈少，食材松软，适用于小块食材。

试菜时间 **清炖羊肉汤**

材料
羊腱肉600克，大蒜2瓣，姜15克，洋葱1／2个，西芹2根，西红柿1个，胡萝卜1／2根，高汤2000毫升。

调味料
盐1小匙，黑胡椒粉1／2小匙，米酒1大匙。

做法
1. 大蒜去皮；姜洗净，切片；洋葱洗净，去皮，切块；西芹洗净，去老茎，切段；西红柿洗净，去蒂，切块；胡萝卜洗净去皮，切块；羊肉以沸水氽烫，捞出，去除血水洗净备用。
2. 容器中放入羊肉、胡萝卜及高汤，移入蒸锅中以大火蒸煮约45分钟，加入剩余材料及调味料，续蒸约15分钟，加入调味料拌匀即可。

COOKING POINT!

去除羊肉膻味小技巧
1. 煮羊肉时，将萝卜块和羊肉一起煮，半小时后取出萝卜块，可减少羊肉膻味。
2. 清炖羊肉时，加入大蒜同煮，可减少羊肉的膻腥味道，提升汤头的滋味。
3. 羊肉与茴香或咖喱一起同煮，也可以去除膻味。
4. 1000克羊肉与25克醋及500毫升冷水同煮，水沸时取出羊肉，可减少羊肉膻味。

Q 汤汁的浓稠清爽如何掌握？

A
1. 想要汤汁变浓，可在汤汁里勾芡，即可增加浓稠感。
2. 先将油烧热，再把热油冲入汤汁中，使汤汁和油混合后，盖锅盖大火焖烧一下，汤汁也会变得浓稠。
3. 想让过于油腻的汤汁变爽口，可准备一张紫菜，在火上烤过立刻放入汤里，就可以去油腻。

 **试菜时间** ## 酸菜肚片汤

材料
猪肚600克，酸菜150克，姜6片，葱2根，姜丝、葱末1大匙。

调味料
A料：米酒1大匙。
B料：盐1小匙。

做法
1. 葱洗净，切段；猪肚洗净，放入沸水，加入姜片汆烫，捞起后沥干水分，切片；酸菜洗净，切丝。
2. 锅中倒入8杯水烧开，放入猪肚、葱段和A料文火煮3.5个小时，加入酸菜略煮，最后加入B料调味，撒上姜丝、葱末即成。

COOKING POINT!

冷水小火慢炖

　　熬汤宜用冷水、小火慢炖，让食材中的蛋白质慢慢溶解在汤里，汤头才会鲜美。沸水会让食材中的蛋白质快速凝结成大量的白色微粒，使汤头变得浑浊，食材中的营养也无法溶解到汤里。

盐与酱油最后再加

　　熬汤时不宜过早加入盐或酱油，盐和酱油会加速凝固食材中的蛋白质，也会使肉里的水分快速释出；葱、姜、酒等佐料也不宜多，这些都会影响汤头的鲜味。

Q 如何去除苋菜汤的涩味?

A 苋菜的营养价值极高,铁质与钙质含量均高于同量的菠菜,但也因含有丰富草酸,吃起来会有涩味。烹调前可先将苋菜用沸水汆烫,去除草酸,便能减少涩味,吃起来也会清香许多。

试菜时间 银鱼苋菜羹

材料
苋菜300克,银鱼100克,大蒜2瓣,葱末1大匙,清水2杯。

调味料
A料:盐1小匙。
B料:水淀粉2大匙。

做法
1. 苋菜去根部,洗净,切小段,过沸水快速汆烫,沥干备用。
2. 大蒜去皮,洗净,切末;银鱼洗净,沥干水分。
3. 锅中倒入2大匙油烧热,爆香蒜末,放入苋菜炒熟,加入银鱼、A料及清水,以小火焖煮至苋菜熟烂,倒入B料调匀,撒上葱末即可。

COOKING POINT!

煮汤前先炒再烧

煮苋菜汤前,先将苋菜略炒,再加水去烧,水沸后加入银鱼或虾米、虾皮都可以增加香味,再加入些许食盐,汤沸了就可以食用。但苋菜的叶子薄嫩,拌炒时间不需太久,以免其变得又糊又烂。

苋菜可提振食欲

苋菜可改善贫血、降低血压,还具有清热解毒的作用,有助于消除扁桃体炎、咽喉炎等燥热症状。夏天食欲不振时,吃苋菜也可以提振食欲。

烹调苋菜时,不妨搭配含铜量丰富的虾仁、豆腐或其他豆类食材,以提高苋菜的铁质吸收率。

Q 如何煮豆腐汤才不稀烂破碎？

1. 把豆腐放入盐水里浸泡30分钟，再取出切块或丝，加入汤中同煮时，就不容易碎掉。

2. 豆腐越煮水分会越多，容易变得稀稀糊糊，影响菜色美观与口感。所以在烹煮之前，把浸在盐水中的豆腐取出静置5分钟，让豆腐内部的水分析出，再用干净的厨房纸巾擦干，吸出多余的水分，烹煮出来的豆腐就不会容易出水。

试菜时间 银芽豆腐海带汤

材料

干海带120克，豆腐2块，绿豆芽100克，小鱼干60克，清水6杯。

调味料

A料：盐1小匙，胡椒粉1／2小匙。

B料：香油1小匙。

做法

1. 豆腐在盐水中浸泡30分钟后洗净，切小块；干海带洗净，泡开，捞出，切段；绿豆芽洗净，去头尾备用。

2. 锅中倒入清水烧开，放入小鱼干及海带煮熟，加入绿豆芽、豆腐及A料调匀，最后淋上B料即可。

COOKING POINT!

煮豆腐汤的诀窍

煮豆腐时，应待所有的材料煮匀之后，再加入豆腐同煮，以小火慢烧让其他食材的味道渗入豆腐中，便能品尝到滑嫩入味的豆腐。如果先放豆腐再放其他材料，容易因为翻动材料而让豆腐破碎，其口感也会变差。

滴少许醋可缩短烹煮时间

海带是属于不容易熟的食材，在烹煮时可以在汤中滴入少许白醋，可让海带烹煮的时间变短。

Q 煮浓汤如何拿捏勾芡比例？

A 1. 一般制作浓汤最容易失败的地方在于，汤不是太稀就是太稠，关键是要拿捏好勾芡比例。制作浓汤的水淀粉，最佳比例是：水：淀粉＝2：1。

2. 倒入水淀粉勾芡时，要缓慢、呈细长水流状地倒入，而且要不断搅拌，勾芡才不会结成一团。

试菜时间　玉米浓汤

材料

罐头玉米粒、罐头玉米酱各1／2罐，鸡蛋1个，洋火腿100克。

调味料

A料：盐、胡椒粉各1小匙。

B料：水淀粉2大匙。

做法

1. 洋火腿切丁；鸡蛋打入碗中，拌打至略起泡。

2. 锅中倒入6杯水烧开，再加入玉米粒及玉米酱煮匀。

3. 加火腿及A料以小火煮沸，缓慢加入B料勾芡。

4. 边搅拌边慢慢淋入蛋汁煮匀，盛入碗中即可。

COOKING POINT!

西式玉米浓汤这样做

想煮出西式风味的玉米浓汤，先把洋葱、胡萝卜、土豆洗净切丁，炒过再放入汤中，洋火腿可用炒过的培根肉丁或鸡肉末替代，水可以用牛奶或鸡骨高汤替代，勾芡的水淀粉可用奶油炒面粉替换。

玉米汤的美味秘诀

煮玉米浓汤时，通常都会加入玉米酱及玉米粒，一方面可以增加汤汁的鲜浓美味，一方面又有颗粒的咀嚼感，两者的比例是1：1最为恰当。

如何煮出漂亮的蛋花汤？

A
1. 在蛋汁中放入少许醋搅拌，倒蛋汁入汤锅时，缓慢地、呈一条细细的蛋汁状倒入，煮出来的蛋花，才会细密又有口感。
2. 也可以将蛋液透过漏勺倒入锅中，约20秒后熄火，这样就能做出漂亮的蛋花汤。

试菜时间

西红柿蛋花汤

材料

嫩豆腐1盒，西红柿1个，鸡蛋2个，小白菜50克，葱1根。

调味料

A料：高汤8杯。

B料：盐1小匙。

做法

1. 鸡蛋打入碗中搅拌；豆腐洗净，切块；西红柿洗净，去蒂，切半月形；小白菜洗净，去蒂切段；葱洗净，切末备用。
2. 锅中倒入A料烧开，放入豆腐、西红柿，盖上锅盖焖煮至西红柿熟烂，加入蛋汁、小白菜与B料略煮，撒点葱末即可。

COOKING POINT!

西红柿烹煮后更营养

颜色愈红的西红柿所含的茄红素愈高，生吃西红柿吸收到的茄红素不如烹煮过食用吸收的多，因为茄红素是一种脂溶性维生素，经加热烹调后，更有利于人体的吸收。

如何煮出鲜美不混浊的香菇鸡汤？

1. 鸡肉一定要汆烫后才能入锅煮，否则容易有血水，造成汤汁不清澈。
2. 香菇应浸在加有料酒的水中泡发，煮汤时连同香菇汁一起倒入汤中熬煮，滋味更会香甜。
3. 加入鸡块、姜片、葱段用大火煮沸后，改用小火慢炖，不要加盖，否则会使汤汁不够清澈，即使加盖也要留一小缝让水蒸气逸出，这样汤头才能保持透澈。

 **竹笙香菇鸡汤**

材料

鸡腿1只，竹笙40克，香菇3朵，姜2片，清水8杯。

调味料

盐、色拉油、酒各1／2小匙。

做法

1. 竹笙洗净泡软，用热水汆烫去杂质，捞出，去头尾切段备用；香菇泡软，去蒂，洗净备用。
2. 鸡腿洗净，剁块，放入沸水中汆烫，捞出。
3. 鸡腿放入高压锅中，加入香菇、竹笙、姜片，倒入清水至没过材料，以中火煮约7分钟至鸡腿熟烂，待高压锅冷却后，打开锅盖盛出，加入调味料调匀即可。

COOKING POINT!

炖鸡汤时宜用土鸡

炖鸡汤最好选用土鸡，因为土鸡的肉质较紧密，更适合炖汤。炖汤前，先把清洗好的土鸡块放入沸水中汆烫，捞出后，再另外起一锅水煮汤，味道会更好。

鸡汤变化菜肴

菠萝苦瓜鸡汤、淮山枸杞鸡汤、蒜头鸡汤、人参鸡汤。

如何煮鱼汤鱼肉才不会破碎？

A
1. 用来煮汤的鱼不能在冷水时下锅，必须要温水下锅煮，等水烧开之后转小火，这样鱼肉才不会破碎。
2. 大部分的鱼都适合用来烹调鱼汤，尤其油脂越多的鱼，煮出来的汤头越鲜美。

试菜时间 ## 蛤蜊菜头午仔鱼汤

材料
午仔鱼1尾（约400克），姜丝100克，蛤蜊20颗，菜头200克。

调味料
鸡粉、香油各1小匙，盐1／2小匙，胡椒粉1／3小匙，酒1大匙。

做法
1. 将午仔鱼洗净，在沸水中汆烫后，捞起；菜头切粗条。
2. 锅中加入起600毫升水，加入菜头一起煮，煮沸时放入午仔鱼、姜丝、蛤蜊，待蛤蜊开壳加入调味料即可。

COOKING POINT!

午仔鱼的处理诀窍

午仔鱼用水冲净后，将菜刀以垂直的方式，轻轻在鱼腹以及鱼鳍边缘刮一刮，就能将残余的鱼鳞刮除干净。

附录

Index

Index

食谱索引

【猪肉类】

Index

【鸡肉类】

【牛、羊肉类】

Index

【 豆、蛋类 】

常用烹调方法

【炒】 ·熟炒又称滑炒，是先将大块原料加工成半熟或全熟品，并切块、片或丝，再入热油锅中略炒一下，依序加入配料、调味料等汤汁翻炒均匀。

·干炒又称干煸，是指主材料不加任何原料浸渍，直接放入热油锅中，快速翻炒至表面焦黄后，加配料和调味料拌炒至汤汁收干。

·生炒又称煸炒，主料多以生料为主，且不勾芡，直接加入热油锅中，以大火快炒至五六分熟时，再加入其他配料及调味料，快速炒熟。

·软炒是将生材料剁成蓉泥状，再加入调味料与高汤搅拌成粥状，倒入热油锅中，以锅铲不停推炒，并加入适量色拉油，直炒至材料凝结呈现堆雪状的一种技术性炒法。

【炸】 ·清炸是将主料先调味或腌拌一下，但不沾裹面糊或蛋白，直接放入热油锅中，以大火炸熟。

·干炸是将主料先以调味料腌拌，再沾裹干粉放入热油锅中，炸至酥黄。

·软炸是将主料先用调味料腌拌，再沾裹蛋白或面糊，放入温油中炸熟。

·西炸是将材料处理好并腌入味后，依序沾裹面粉、蛋汁及面包粉，再放入热油锅中炸熟。

·酥炸是先将主料煮或蒸至熟软，再沾裹蛋白或面糊，放入热油锅中，炸至外表酥黄、里面鲜嫩。

【煎】 ·干煎是将主料用调味料腌拌入味，均匀沾裹蛋糊或面粉，以小火热油煎熟。

·煎焖是将主料先切成块或片，放入热油锅中以小火煎熟，再加入调味料或汤汁焖煮或勾芡。

·煎烹是将主料用大火煎至略熟，再加入高汤及调味料烹煮至入味。

【爆】 ·油爆是将主料用热油快速加热至熟，并放入调味料。

·酱爆的最大特点，是使用面酱作为调味料，做法是先将材料煮熟再加入煸炒。

【烤】 ·明炉烤是将材料切小片或块，并腌至入味，放在铁架上，置于敞口式的炉火上烤，由于火力比较分散，原料不容易烤匀透，需花较长时间完成。

·暗炉烤是将大块材料腌至入味，放入密闭式的烤箱中烤熟，由于烤箱中的温度比较稳定，且材料受热较均匀，因此烘烤食物较容易入味。

【蒸】 蒸的做法是将材料先处理好，加入调味料调匀，放入蒸锅中，利用蒸汽加热至熟所烹调出的菜肴，口感清爽而不油腻。

【卤】 卤的做法是将材料先氽烫去腥之后，放入调好的卤汁中，以小火慢煮，让卤汁能够完全渗入材料中的一种烹调技法。

【烧】 ·葱烧是用热油爆香葱，再放入调味料与主料的一种烧法，葱烧菜的特色，就在于葱的分量多，能凸显葱的香味。

·干烧是将主料长时间以小火烧煮，使汤汁能渗入主料内的一种烧法。

·红烧是将主料先煮、炸或煎至略熟，加入酱油及其他调味料烹调，使烧煮出的菜色多呈现酱红色。

【烩】 烩是将主料先煎、炸或烫熟后，放入热锅，加入配料、调味料及高汤，混合一起烹煮，最后再以水淀粉勾芡的一种烹调技法，汤汁味浓且鲜美。

【溜】 ·醋溜是将主要材料切成形状较细小的片、块、丁、条等，用蒸、煮或炸等方式，使主料熟软，再放入以调味料拌成的酱汁中，由于调味料以醋为主，口感较酸。

·滑溜是将主要材料以调味料腌拌，再均匀沾裹面糊或蛋白，放入油温约110℃的油锅中略炸一下，捞出，放入已煮好的酱汁中，快速翻炒即可。

·脆溜又称为焦溜或烧溜，是将原料沾裹淀粉或面糊，再放入热油锅中，炸至表面呈现金黄色，捞出，用调味料与配料做成卤汁，浇淋在原料上的一种溜法。

【扒】 将烹调好的材料切好后，放入锅中，加入适量汤汁并调味、勾芡，最后一个大翻锅使菜肴整齐地一面朝上，出锅排盘，即为扒菜。

【拌】 ·凉拌是将原料先处理成条、片或丝，不论是否经过烹煮，都需要等放凉之后，再加入调味料拌匀的做法。

·熟拌是将主料处理成块、片或丝，放入沸水中烫熟，捞出，加入炒或拌调好的酱料，均匀搅拌的做法。

·生拌是将主料处理成条、片或丝，不需经过烹煮，直接以调味料腌拌的做法。

【煮】 将食材放入100℃的沸水里或高汤中煮开后，以小火让食物继续煮熟的方式称为"煮"。

【煨】 煨是指用微火慢慢地将原料煮熟。主料先经过盐腌处理，再加入汤和调味料，盖上锅盖，用微火煨。煨菜的原料多是质地老、纤维粗的牛肉、羊肉或野鸭。

【煲】 煲是指将大块材料先烫过，再以小火慢炖至入味的汤菜，口感软嫩，味浓，能保有原汁原味。

【焖】 焖菜的主料是经过油炸或油滑后，再放入适量的汤和调味料，盖紧锅盖，用小火焖煮。过程中要盖紧锅盖，不可中途打开盖子加汤或调味料，才能确保菜肴的原汁原味。

常见食材的冷冻与解冻

食物的保鲜与处理其实一点都不难，只要掌握正确的冷冻与解冻方式，就可以轻轻松松把美味佳肴端上桌。

冷冻保鲜的八大技巧

【急速冷冻以确保食物美味】

食物在急速冷冻下，所含的水分会变成细小的结晶，瞬间凝固，避免细胞组织遭受冰晶的破坏。相反，若慢慢冷冻就会使水分结成较大的冰晶，破坏食物结构，一旦解冻，含有肉汁及甜味的细胞液就会流失，影响食物的风味。如果你家的冰箱有急速冷冻功能或有急速冷冻室的话，可别忘了要好好利用。

【使用透明的密封容器】

食物一经冷冻就变成冰冻的硬块，看起来每个都白白的，很难辨识；选择透明容器，很容易区分，节省时间。

【将食物分成小包装并将袋内空气挤出】

将食物分成"小块、切薄、厚度均一"的小包装，随后挤出空气，再用保鲜膜紧紧包住，是冷冻保鲜的重要原则。由于保鲜膜会透气，只包裹保鲜膜会让食物酸化，所以冷冻时，必须再放入冷冻专用的保鲜袋里。

【冷冻期以1个月为限】

食物在完全结冻后，很难从外表去判断它是什么时候冷冻的，所以别忘了贴上标签，清楚注明食物名称和冷冻日期。或用油性签字笔写在外包装上。现在的冷冻库都有自动除霜的功能，为了能够吃到美味的肉类、海鲜和蔬菜，冷冻的期限最好以1个月为限。如果是茶叶、海带、豆类等干货的话，则可保存6个月。

【食物应该趁新鲜尽速冷冻】

冷冻食材首重鲜度。特别是肉类、海鲜类等，更需要趁鲜冷冻。倘若等到鲜度欠佳时再亡羊补牢，已是为时太晚。

【 善用铁质器皿加快冷冻效果 】

使用金属材质的器皿来冷冻食品时，可借由金属优越的热传导效率，让温度急速下降。如果没有铁盘，用铝箔纸包起来也可以。

【 冷冻温度应常保持在-18℃ 】

食材冷冻时，要特别注意温度的变化。冷冻最适宜的温度是-18℃，为了要常保此温度，开关冰箱的速度就要快一些，避免冷冻效果降低。

【 冰箱不可以塞满食物 】

将冰箱塞得满满是非常不明智的行为。为了达到最佳冷冻效果，至少要留下30%的空间，让冰箱中的冷空气可以循环，才能保持食品冷冻时所需的稳定温度。

常见的解冻方式

【 室温解冻 】

室温解冻是将冷冻食材放在正常室温下，让它慢慢的自然退冰。通常冬季的室温低，各种食材所需要的解冻时间长；夏季的室温高，自然解冻的时间短。因此，解冻前要先了解室内温度的高低，才能掌握食材的退冰时间和所需要的解冻硬度。

【 流水解冻 】

流水解冻是指将冷冻食材放在流动的自来水下不断冲洗，直到食材退冰解冻；须注意冲水时间最好不要超过2个小时，以免食材养分被水冲掉。

【 冷藏解冻 】

冷藏解冻又称为"低温解冻"，是指将冰箱内的冷冻食材从－18℃的冷冻室取出，放在平均温度为5℃的冷藏室中慢慢解冻。这个方法最能保存食物原味，因此只要时间充裕，可多利用冷藏室低温解冻法，大约需要半天食材才能完全解冻。

【微波解冻】

市售微波炉的"弱火"几乎都有解冻的功能，每100克的肉品，需要用微波"弱火"加热2分钟即可烹调使用，十分快速方便，也是所有解冻方法中用时最短的。

【直接烹调】

有些冷冻食品可以直接烹调，不需要经过解冻程序。这种做法适用于大块的肉品或事先调理过的熟食。

冷冻与解冻的保鲜器具

【铁盘】

"铁盘"是冷冻生鲜食材效果最佳的工具，它能快速地将冷度均匀传送到食品上。所以最好依照平日冷冻的食品分量，在家中准备不同尺寸的铁盘来做冷冻食品之用。

【塑料制保鲜盒】

塑料制保鲜盒的材质导热效率差，冷冻所需时间较长，不适合用于肉类、鱼贝类、蔬菜类等生鲜食材的冷冻，仅适合冷冻果子之类的干货。

【真空包装袋】

真空包装袋是采用高密度PE材质制成，可有效阻隔空气，将食物保存于真空状态下，达到最理想的冷冻效果。

【保鲜膜】

市面上所贩售的保鲜膜有PE或PVDC等材质，使用时需注意耐热、耐冷等标示。例如：咖喱酱，一经微波炉加热后即变成高温食物，有时会使保鲜膜融化掉，所以要特别留意。

【铝箔纸】

铝箔纸能完全阻隔光线与空气，有效延缓食物的氧化，用来冷冻时，可以先用保鲜膜包住冷冻食物，再包上铝箔纸。适用于冷冻含油脂或脂肪类的食物。

各种食材的冷冻、解冻方法

【猪肉】

　　大块的猪肉冷冻后，要切片或切块较不方便，所以最好事先切片或切块，分成适合的分量再加以冷冻保存。

冷冻步骤

　　将肉片切好，把第一片肉片铺在已经铺好保鲜膜的铁盘上，铺上一层保鲜膜，再摆上第二排肉片，如此可以放2~3层，最上面用保鲜膜包住铁盘，即可放入冰箱冷冻室贮存。

解冻步骤

1. 从冰箱冷冻室取出冷冻肉放入盘中，封上保鲜膜，放进冷藏室约半天。
2. 待肉片慢慢变软，准备开始滴水时即可取出烹调，不宜搁置过久，以免血水流失，造成肉片缺乏鲜度和弹性。

猪肉的解冻vs口感（以每100克为基准）			
解冻方法	流水解冻法	微波解冻法	冷藏解冻法
解冻时间	20分钟	"弱"加热2分钟	2~3个小时
口感特色	肉质较软	肉质较老硬	肉质较具弹性

【绞肉】

　　绞肉容易腐坏，解冻后冷藏不能超过10个小时，否则风味与养分会逐渐消失。

冷冻步骤

1. 绞肉以冷冻保鲜袋包好，压出空气再压平，厚度控制在1.5厘米以内，包装外加注猪肉部位、重量及冷冻日期，放入冰箱冷冻。
2. 也可放在铁盘上以保鲜膜压平。如果没有铁盘，就用铝箔纸包起来，压平，冷冻至肉质变硬，切成一块块适量大小，再放回保鲜袋中冷冻保存，方便取用及解冻。

解冻步骤

1. 微波解冻：从保鲜袋内拿出绞肉，盖上保鲜膜，用微波炉的"弱"功能加热2分钟至半解冻状态即可。
2. 冷藏解冻：直接由冷冻室移入冷藏室，解冻至食材呈半解冻状态即可。

绞肉的解冻vs口感（以每100克为基准）

解冻方法	微波解冻法	冷藏解冻法
解冻时间	"弱"加热2分钟	4～5个小时
口感特色	口感较粗硬	松软有弹性

【牛肉】

牛里脊肉的脂肪含量较少，冷冻又解冻的程序容易造成肉汁流失，并损及肉质的鲜甜，因此牛里脊肉并不适合冷冻，其他部位的牛肉则不宜切成小块冷冻。

冷冻步骤

1. 牛小排或牛腩事先用1／4小匙盐、1／2小匙蒜泥、少许酱油和1小匙色拉油涂抹均匀。
2. 用保鲜膜包好，装入冷冻保鲜袋内，放入冰箱冷冻。

解冻步骤

1. 冷藏解冻：将冷冻牛肉移至冷藏室，以逐渐升温方式慢慢解冻，至少许血水流出时，即应取出烹调。
2. 微波解冻：将冷冻牛肉放在纸巾上，盖上保鲜膜，用微波炉的"弱"功能加热约2分钟至半解冻状态即可。
3. 直接烹调：煎牛小排要保持鲜嫩口感，可以直接烹调，无须解冻。

牛肉的解冻vs口感（以每100克为基准）

解冻方法	微波解冻法	冷藏解冻法
解冻时间	"弱"加热2分钟	4～5个小时
口感特色	口感较紧实	口感软硬适中

【羊肉】

羊肉本身脂肪较厚，冷冻前可以切成适当大小分装，不会损及原有的风味。

冷冻步骤

羊肉用保鲜膜包好，再装入冷冻保鲜袋中密封妥当，即可放入冰箱冷冻。

解冻步骤

1. 微波解冻：将冷冻羊肉放在纸巾上，盖上保鲜膜，用微波炉的"弱"功能加热2分钟。
2. 冷藏解冻：放入冷藏室解冻至微软再烹调。

羊肉的解冻vs口感（以每100克为基准）

解冻方法	微波解冻法	冷藏解冻法
解冻时间	"弱"加热2分钟	2~3个小时
口感特色	口感适中	口感较软嫩

Tips 带骨羊肉烹调前不需要解冻，而羊里脊肉可以用微波处理至半解冻后，加料腌拌再烹调。

【鸡肉】

鸡肉的水分比其他肉类多，无论是冷冻或解冻，都可以维持肉质香嫩多汁。

冷冻步骤

1. 鸡腿分别用保鲜膜包好，或以8~10个为1份，分装在冷冻保鲜袋内密封好。
2. 鸡胸肉放在铝盘上，一片片压平后放入冰箱冷冻。

解冻步骤

1. 流水解冻：将保鲜袋内空气挤出，浸泡在水中20分钟，中间换水2~3次。
2. 微波解冻：把鸡肉放在纸巾上面，轻轻盖上保鲜膜，用微波炉的"弱"功能加热2分钟，至半解冻状态再加以烹调。
3. 冷藏解冻：烹调前一晚自冷冻室取出，放在冷藏室中以低温解冻。

鸡肉的解冻vs口感（以每100克为基准）			
解冻方法	流水解冻法	微波解冻法	冷藏解冻法
解冻时间	20分钟	"弱"加热2分钟	5~6个小时
口感特色	软嫩具弹性	口感适中	口感较软

【整条鱼】

整条的鱼冷冻前须处理干净，以免鱼体内发臭，影响其鲜度及美味。

冷冻步骤

1. 刮除鱼鳞，取出内脏，去除鱼鳃，以清水冲洗干净鱼皮表面黏液，抹上少许盐。
2. 用纸巾将水分擦干，包上保鲜膜，再装入冷冻保鲜袋内，即可放入冰箱冷冻。

解冻步骤

1. 流水解冻：冷冻鱼从冰箱取出，挤出保鲜袋内的空气，浸泡在水中至鱼肉微软，中途换水2~3次。
2. 微波解冻：撕除脱水纸，把鱼放在纸巾上，盖上保鲜膜，以微波炉的"弱"功能加热2分钟，至半解冻状态即可加以烹调。
3. 冷藏解冻：放入冷藏室解冻至微软。

整条鱼的解冻vs口感（以每100克为基准）			
解冻方法	流水解冻法	微波解冻法	冷藏解冻法
解冻时间	20分钟	"弱"加热2分钟	2~3个小时
口感特色	肉质较软	肉质较老硬	肉质较具弹性

Tips

如果鱼够新鲜的话，也可以不用清除内脏，以脱水纸或保鲜膜包好，放入冷冻保鲜袋内密封冷冻。待半解冻后切开时，既不会流出血水，内脏也还是结冰的，很容易清除。

【鱼片】

冷冻鱼片买回家须立刻清洗干净，快速放冰箱冷冻，以免鲜度流失。

冷冻步骤

用脱水纸将鱼片包好，尽量不要重迭，装入冷冻保鲜袋密封冷冻。

解冻步骤

1. 流水解冻：挤出保鲜袋中的空气，浸泡在水中至微软，中间需换水2～3次。
2. 室温解冻：小块的鱼片很容易退冰，最好是利用室温解冻，口感较能还原。
3. 冷藏解冻：如果不是马上要吃，宜放在冷藏室保鲜盒内慢慢解冻，以免失去鲜度。如此鱼肉再冷藏2～3天，也不会变质。

鱼片的解冻vs口感（以每100克为基准）

解冻方法	流水解冻法	室温解冻法	冷藏解冻法
解冻时间	20分钟	40～60分钟	2～3个小时
口感特色	肉质较软	肉质软	肉质较具弹性

Tips

鱼片用脱水纸包好后，要立刻放进冷冻库中冷冻，否则会变成鱼干。因为包着脱水纸，虽然可以使鱼保持鲜度和去除腥味，但若不立即冷冻，暴露在室温下太久的话，水分会不断流失。

【墨鱼】

墨鱼即使冷冻多日也不会变味，解冻时只要浸在水里至半解冻状态即可烹调。

冷冻步骤

1. 墨鱼一个个分别用保鲜膜包好，装入冷冻保鲜袋内密封冷冻。
2. 可事先汆烫至八分熟，再放入保鲜盒中冷冻保存。

解冻步骤

1. 流水解冻：持续用自来水隔着保鲜袋冲刷，或是将保鲜袋整个浸泡在水中，中间需换水至墨鱼微软。
2. 微波解冻：取出冷冻墨鱼，放在盘中以保鲜膜轻轻盖住，用微波炉的"弱"功能加热2分钟至半解冻状态即可烹调。
3. 冷藏解冻：烫煮过的冷冻墨鱼，只要解冻、加热一下即可食用，因此适合用于冷藏解冻法以保持口感。

墨鱼的解冻vs口感（以每100克为基准）			
解冻方法	流水解冻法	微波解冻法	冷藏解冻法
解冻时间	5～10分钟	"弱"加热2分钟	2个小时
口感特色	具有嚼劲	微软、具嚼劲	口感结实、易熟

Tips　墨鱼身上含有蛋白质分解酵素，一旦开始解冻，酵素就会活跃起来，造成墨鱼持续分解、失去鲜度，因此煮熟后冷冻可避免口感变老。反之，生的墨鱼一定要用短时间快速解冻方法，解冻后就不能够再度冷冻，以免口感不再鲜嫩。

【虾】

虾含丰富胶质和蛋白质，即使冷冻也不会变味，但解冻时最好利用流水解冻，才不会失去鲜味。

冷冻步骤

1. 带壳的虾以一次用量为准进行分装，用保鲜膜包好，再装入冷冻保鲜袋中密封冷冻。
2. 去壳的虾仁则以150克左右为单位分装成小袋，放入冰箱冷冻。

解冻步骤

1. 流水解冻：撕去保鲜膜，以流水冲刷4～5分钟至虾表面退冰，或隔保鲜袋浸泡在水中呈半解冻状态即可。
2. 室温解冻：虾肉质地细嫩，容易退冰，如果可以马上烹调，放在室温解冻最好。

虾的解冻vs口感（以每100克为基准）		
解冻方法	流水解冻法	室温解冻法
解冻时间	4～5分钟	20分钟
口感特色	鲜嫩	口感较软

Tips　新鲜的虾含有蛋白质分解酵素，一旦开始解冻，酵素就会活跃起来，分解虾肉细胞，使口感变得松软并失去鲜度，因此解冻后一定要马上烹调才好吃。

【面饭类】

冷冻步骤

1. 煮熟的乌龙面、意大利面、细面等面条需冷冻时，要将水分充分沥干。
2. 分成一碗饭（150克）或相当于一碗饭热量（200克）的分量后，放入冷冻保鲜袋里，将空气挤出后密封冷冻。

解冻步骤

1. 将保鲜袋口稍微打开后，放在微波炉转盘上。
2. 用600W加热2分30秒，或用500W加热3分钟后，就会像刚煮好的面条一样。

【米饭】

冷冻步骤

1. 趁着饭还有余温时，将一碗分量（150克）的饭放在保鲜膜上，轻捏成正方体状后包好。
2. 将包好的饭放入冷冻保鲜袋里，等饭凉了之后再放入冷冻。

解冻步骤

将冷冻的饭放入碗里，轻轻盖上保鲜膜，用600W加热2分30秒，或用500W加热3分钟。加热半分钟时，先打开取出，掀开保鲜膜，用筷子将饭拌松再重新盖上，放入微波炉内继续加热完成后，就会像刚焖出来的饭一样香了。

Tips －3~10℃之间的温度，会使饭的风味大打折扣，切忌直接把饭丢进去冰箱冷藏或冷冻。

【 水分多的蔬菜 】

　　蔬菜因为容易变色及走味，所以多数并不适合冷冻。冷冻蔬菜解冻时，应用油多炒一下，以解决食物走味而难以下咽的问题。

　　少数可冷冻的蔬菜有两个保持口味的要诀：一是将**蔬菜略微烫煮过再冷冻**，二是**以室温自然解冻之后再加热**。想要生吃小黄瓜、胡萝卜、白萝卜、圆白菜或白菜，可以先用盐稍微搓过，把水分榨出后再冷冻保存。

小黄瓜

冷冻步骤

　　将小黄瓜切成厚度约0.3厘米的圆片，以一条小黄瓜配上1／5小匙盐的比例，加盐搓至小黄瓜变软后，将水分榨出；用保鲜膜包好，放入保鲜袋密封冷冻。

解冻步骤

　　自然解冻，或直接烹煮。

白萝卜、胡萝卜

冷冻步骤

　　将萝卜切成长5厘米，粗细如火柴棒一样的条状，以每100克配上1／5小匙盐的比例，加盐搓至变软后，将水分析出；用保鲜膜包好，放入保鲜袋内密封冷冻。

解冻步骤

　　放在室温下自然解冻即可。

Tips　　白萝卜最好先切掉粗茎，夏天时可在表面喷些水，用纸包好后放入塑料袋，再放入冰箱，可延长保鲜期。

圆白菜、白菜

冷冻步骤

　　将蔬菜洗净、沥干后切细丝，每100克加入1／5小匙盐，搓至菜变软后将水分挤出，分成适合大小等份，用保鲜膜包好，装入保鲜袋密封冷冻。

解冻步骤

　　自冰箱取出，放在室温下自然解冻即可。

Tips　　蔬菜冷冻前可以冷藏至冰凉，装入冷冻保鲜袋中，以吸管将空气抽出成真空状态，即可放入冷冻。

【 水分少的蔬菜 】

　　冷冻蔬菜最主要的秘诀就是"真空保存"，使蔬菜延长保存期限，留住维生素和营养素。虽然一般人都认为生菜不能冷冻，但有些蔬菜本身的水分有限，像是西兰花、青椒等，其冷冻的解冻方式就与水分多的蔬菜不同，只要好好保存，将买回家的新鲜蔬菜立即冷冻起来，约可保存1个月的时间。

西兰花

冷冻步骤

　　分成小朵，将茎的皮剥除，切成2～3小块，一朵一朵用盐水分别洗净，取出将水分沥干，以保鲜膜包好，再装入冷冻保鲜袋内密封，并排除空气即可冷冻。

解冻步骤

　　自然解冻，或直接烹煮。

竹笋

冷冻步骤

　　把皮剥除，并切成薄片，洗净后，沥干水分，再装入冷冻保鲜袋内放入冷冻室保存。

解冻步骤

　　放在室温下自然解冻即可。

秋葵

冷冻步骤

　　将秋葵的蒂切除后，把前端较硬的部分也切除，再装入冷冻鲜保袋内密封，并排除空气即可。

解冻步骤

　　可以放在室温下自然解冻，或直接入锅烹煮，不需要解冻。

零失败12种家常酱料轻松做

蒜蓉酱

【材料】

蒜头3瓣，凉开水3大匙，酱油膏3大匙，味精4小匙，糖1大匙。

【做法】

将所有食材用果汁机绞碎即可。

【酱做才美味】

1. 制作时，先加入蒜头和1大匙酱油膏绞碎，绞得越细越好，再将剩余的酱油膏与味精加入搅拌；味精可依个人喜好酌量添加。

2. 此酱的主要用料为味道浓重的蒜蓉及酱油膏，加入少许糖来平衡辣味与咸味，可以让味道较为温和顺口。

3. 选用酱油膏而不用酱油，主要是因为酱油膏能增加酱料的黏稠度，让酱汁紧附在食物上。

【酱做最对味】

蒜蓉酱适合搭配水煮的海鲜与油脂含量较高的肉类烹饪。蒜的辛辣味能消除腥味与油脂，搭配容易沾附的酱油膏，让咸味能带出海鲜或肉类本身的鲜甜。

和风酱

【材料】

黄芥末籽酱1小匙，酱油2小匙，味醂1大匙，陈醋2大匙，橄榄油3大匙，砂糖1大匙，盐少许，胡椒粉少许。

【做法】

所有材料混合搅拌均匀即可。

【酱做最对味】

日式和风酱搭配新鲜时蔬、水果沙拉最适合。新鲜的蔬菜、水果洗净，沥干水分，淋上略带酸甜的日式和风酱，即是很受欢迎的新式沙拉；此外，也可搭配时蔬做凉拌菜。

芝麻酱

【材料】

蒜泥1小匙，熟芝麻1/4小匙，凉开水1大匙、芝麻酱3大匙，花生酱1小匙，醋2小匙，辣油1／2小匙，香油1／2小匙，酱油1大匙，盐1／4小匙，糖1／2小匙。

【做法】

芝麻酱与花生酱用凉开水调开，再加入其余食材搅拌均匀即可。

【酱做才美味】

酱料完成时，如有颗粒感，表示花生酱或芝麻酱没有调均匀。

肉臊酱

【材料】

五花绞肉600克，红葱头末150克，蒜末2小匙，酒少许，凉开水6杯，酱油1大匙，酱油膏4大匙，五香粉少许，胡椒粉少许，冰糖2大匙。

【做法】

热锅加入2大匙油，先入红葱头末与蒜末爆香，续入五花绞肉炒至金黄色，再加入所有材料炒均匀，最后加凉开水转小火，煮约30分钟至汤汁浓稠即可。

【酱做才美味】

加入少许五香粉可增添风味，但不宜过多。

糖醋酱

【材料】

凉开水2大匙，白醋2大匙，西红柿酱2大匙，糖3大匙，盐少许。

【做法】

将所有材料混合后，入锅以小火煮沸即可。

【酱做才美味】

1. 想做出好吃的糖醋酱，除了掌握调味料的比例，其添加顺序也是关键。盐会加速蛋白质凝固，若太早放入，酱汁不能融入食材里；所以一定要先放入其他调味料并稍微烧煮入味后，再加盐调整味道，增加层次感。

2. 经过烧煮制作的热酱，如宫保酱、麻婆酱和糖醋酱等，保存时要放凉后再冷藏储存，保鲜时间会较长。

【酱做最对味】

糖醋酱的用途非常广，适合烧煮肉类、海鲜或作为油炸类料理的淋酱。在炸得酥脆的食材表面淋上糖醋酱，酸甜滋味不仅下饭，油亮通红的色泽颇为讨喜，也成为宴客菜常用的酱料之一。

咖喱酱

【材料】

洋葱末2大匙，红葱头末2大匙，姜末1／2小匙，水淀粉少许，咖喱粉3大匙，椰酱1／2杯，盐1／2小匙，鸡粉1小匙，香油1大匙，鱼露少许。

【做法】

热锅加5大匙油，爆香洋葱、红葱头、姜末，续入咖喱粉略炒，加入椰酱、盐、鸡粉、香油、鱼露，拌炒均匀后用水淀粉勾芡即可。

【酱做才美味】

咖喱粉要炒过才会香滑顺口。

Index

黑胡椒酱

【材料】

牛肉原汁1000毫升，洋葱碎100克，红葱头碎20克，蒜碎20克，红酒100毫升，奶油30克，盐1小匙，巴西利碎1小匙，胡椒粉1／2小匙，黑胡椒粒3小匙。

【做法】

奶油溶化后，炒香红葱头、洋葱、蒜碎，加入黑胡椒粒和红酒，直到酒缩至一半。接着再放入牛肉原汁、巴西利碎和盐、胡椒粉、黑胡椒粒等调味料即可。

【酱做才美味】

黑胡椒先用烤箱烤过，吃起来较香。

辣豆瓣酱

【材料】

高汤1杯，辣豆瓣2大匙，酒酿1大匙，鸡粉1／4小匙，盐1／4小匙，酱油1小匙。

【做法】

高汤煮沸后加入其余材料即可。

【酱做才美味】

酒酿带有点甜味及酒味，适合运用于各类海鲜、肉品的菜肴。

炸排骨腌酱

【材料】

葱段3根，蒜头碎10瓣，辣椒2支，八角2粒，花椒1／4小匙，姜片3片，米酒3大匙，酱油1杯，盐1小匙，糖1大匙，胡椒粉1小匙，香菇粉1小匙，水4杯。

【做法】

将所有食材混合均匀即可。

【酱做才美味】

调制好的腌酱，需静置1天再使用，味道较为入味。

菠萝豆酱

【材料】

菠萝500克，豆酱3.5大匙，糖100克，盐3.5大匙，甘草片少许，淡色酱油1.5大匙。

【做法】

菠萝去皮，切成圆片，再切小块备用；准备一个干净的空瓶，将豆酱、淡色酱油、糖、盐、甘草片混合均匀，以一层菠萝一层酱的方式装入瓶子中，密封放置1个月即可。

【酱做最对味】

腌渍的菠萝豆酱用来蒸煮肉类、鱼类，可在鱼、肉类鲜美的滋味中尝到酱汁咸中带有甘甜的味道。

宫保酱

【材料】

干辣椒8个，花椒1／2小匙，葱末1.5大匙，蒜末1大匙，冰糖2小匙，酱油3大匙，老抽1小匙，白醋2大匙，香油1大匙，油1大匙。

【做法】

将1大匙油烧热，放入干辣椒、花椒以小火炒香，再加入葱末、蒜末、冰糖炒香，最后加入酱油、老抽、白醋、香油，以小火煮沸，过滤即可。

【酱做最对味】

宫保酱搭配快炒肉类、海鲜最适合。味道浓郁厚重的宫保酱，透过快速拌炒的烹调方式，将酱汁的味道裹上肉类、海鲜等食材，最能展现此酱咸、甜、辣层次繁复的味道。

烤肉酱

【材料】

花生粉2小匙，葱末1大匙，蒜末1大匙，沙茶酱2大匙，糖2大匙，酱油2大匙。

【做法】

将所有食材混合均匀即可。

【酱做才美味】

沙茶酱使用时要先拌匀再用。

Index

食材的保健功效与营养烹调秘诀

蔬菜类

地瓜叶

【主要保健功效】

地瓜叶富含维生素A，能改善皮肤粗糙，保护黏膜组织；富含镁和钙，镁可以维护心脏、血管健康，促进钙的吸收和代谢，防止钙沉淀在组织、血管内，二者同时作用时，具有安抚情绪的效果。

【营养烹调秘诀】

余烫时间不宜过久，以免地瓜叶的营养流失。地瓜叶所含的维生素A，属于脂溶性维生素，油分可以促进维生素A的吸收和消化，最好用油爆炒，并连同汤汁一起吃，就可充分摄取到营养。

茄子

【主要保健功效】

茄子富含维生素P，可降低血脂和胆固醇，增加毛细血管的弹性，促进血液循环；茄子的紫色外皮中含有多酚类化合物，具抗癌和预防衰老的作用；茄子有90%是水分，富含膳食纤维，可促进肠胃蠕动，预防大肠癌。

【营养烹调秘诀】

茄子最好不要使用油炸方式烹调，以免维生素P大量流失。维生素P最密集之处在茄子的紫色表皮与茄肉相接之处，事实上，茄皮除了维生素P，还有许多其他营养素，因此烹调茄子时不宜去皮。

西红柿

【主要保健功效】

西红柿中的茄红素具有抗氧化性，在天然胡萝卜素中，茄红素清除自由基的能力最强，是水溶性维生素E的3倍，可以保护血中的脂肪不受氧化伤害；西红柿中的钾可以有效降低血压，进而预防心脏疾病的发生。

【营养烹调秘诀】

西红柿生食时，可以摄取到比较多的维生素C，但烹煮过的西红柿能释放较多的茄红素，而其含有的维生素A属脂溶性维生素，随含有油脂的食物一起食用，更能被身体消化吸收。

豆芽菜

【主要保健功效】

豆芽菜富含类胡萝卜素与维生素C，有助改善皮肤粗糙与黑斑；另含有一种有助于淀粉消化的酵素，可促进肠胃功能，增加食欲，其丰富的膳食纤维可以促进排便。

【营养烹调秘诀】

豆芽菜的含水量高，烹调时容易出水，建议不要长时间加热；烹煮时加少许的醋，可使豆芽菜中的蛋白质凝固，不易出水软化，不但可以保持清脆的口感，更能够保护营养素、减少豆芽菜的土腥味。

四季豆

【主要保健功效】

四季豆属于淡色蔬菜，富含维生素C与铁质、钙、镁和磷等矿物质，铁可以促进造血功能，有助于改善贫血症状。四季豆中的膳食纤维大部分属于非水溶性，有助促进肠胃蠕动，消除便秘。

【营养烹调秘诀】

如不喜欢四季豆的青涩味，可先汆烫过再烹煮。四季豆要加热、完全煮熟才可食用，不然会因贮藏过久或煮沸不透，发生神经或消化系统的中毒症状。

小黄瓜

【主要保健功效】

黄瓜可以分为大黄瓜和小黄瓜，营养十分相似，皆富含维生素C，可美白淡斑。黄瓜的含水量高，有消暑解渴的作用，并有利尿的效果，可以促进体内多余水分的排泄，消除浮肿。

【营养烹调秘诀】

小黄瓜的头部含有一种带有苦味的物质，不溶于水，加热也不会消失，可在烹煮前将头部切除。小黄瓜中含有会破坏维生素C的酵素，加醋或加热超过50℃时，就可以有效抑制该酵素的功能。

苦瓜

【主要保健功效】

维生素C含量极高，可美白去斑；另含有维生素A、钠、钾、钙、镁和锌等矿物质，有助于降低血压与血糖；生理活性蛋白质能够促进伤口愈合、并刺激皮肤新生。

【营养烹调秘诀】

苦瓜先汆烫再烹调可减少苦味。凉拌时，加少许盐用手搓揉后，再用水冲洗即可减少苦味。加热容易让苦瓜中的维生素C流失，所以苦瓜除了煮熟后食用外，也可拿来打蔬果汁，以摄取较多的维生素C。

南瓜

【主要保健功效】

南瓜含有大量β-胡萝卜素，可促进黏膜的健康，预防感冒，抗氧化。维生素A还可以维护视力的健康，改善夜盲症。铬元素可刺激胰岛素分泌，并增加体内胰岛素的敏感性。

【营养烹调秘诀】

南瓜种子旁的柔软部分和外皮的营养十分丰富，能一起食用最好；南瓜所含的类胡萝卜素加油脂烹炒，更有助于人体摄取吸收，其本身带有甜味，在烹煮时，不需要加太多糖。

Index

地瓜

【主要保健功效】

地瓜含有醣类、膳食纤维、维生素A、B族维生素、维生C、钙、磷、铜、钾等。地瓜的黏液蛋白能维持血管壁弹性，使坏胆固醇排出，保护呼吸道及消化道等，丰富的膳食纤维，可促进肠胃蠕动，缓解便秘症状。

【营养烹调秘诀】

地瓜中含有抗癌的β-胡萝卜素等营养素，但是生地瓜中淀粉的细胞膜若没有经过高温破坏分解，不易被人体消化吸收，所以地瓜要蒸煮过后，使所含氧化酶完全被分解破坏，才能吸收完整的维生素。

芋头

【主要保健功效】

芋头含丰富醣类及膳食纤维，可作为能量来源；膳食纤维可增加饱足感，同时能稳定血糖。芋头中的钾、磷含量也很高，钾有助于钠的排出，有利尿的作用，而磷则是维持牙齿及骨骼发育的重要矿物质之一。

【营养烹调秘诀】

芋头含有草酸钙，接触到皮肤会有发痒现象，所以建议处理芋头时戴手套，芋头也不宜生食。食用芋头的时候，尽量避免同时喝太多水，以免冲淡胃液，妨碍消化，出现腹胀等不适症状。

土豆

【主要保健功效】

土豆富含维生素C，可保持血管弹性，预防脂肪沉积在心血管；富含酚类物质，对于癌症有一定的抑制作用，还含有钾，可排除身体过剩水分。土豆中的膳食纤维较细致，不会刺激肠胃黏膜，是很好的制酸剂，可治疗消化不良。

【营养烹调秘诀】

发芽或皮色变绿变紫的土豆有毒，切勿食用。土豆含有丰富的钾，可与体内多余的钠结合，具有降低血压、预防脑血管破裂的作用，对于有心血管疾病的人，建议可以用土豆入菜，取代部分米饭面食。

山药

【主要保健功效】

山药含有黏液蛋白，可维持血管弹性、降低血糖，减少皮下脂肪沉积。所含多巴胺有助于扩张血管，促进血液循环。其黏液质含有类似荷尔蒙的皂素生物碱，可促进荷尔蒙的合成作用。

【营养烹调秘诀】

山药烹调的时间最好不要过长，因为久煮容易使山药中所含的淀粉酶遭到破坏，减低山药健脾、帮助消化的功能，还可能同时破坏了其他不耐热或不耐久煮的一些营养成分，造成营养素流失。

白萝卜

【 主要保健功效 】

白萝卜的营养成分主要包括维生素C、膳食纤维及芥子油。白萝卜具清凉爽口的特性，经常切片搭配口味较重的食材一起食用，可摄取到较多的维生素C。膳食纤维则可促进肠胃道蠕动，有助消化。

【 营养烹调秘诀 】

白萝卜的维生素C容易因为加热而流失，而其中可促进食欲的芥子油也可能因加热而挥发，故生吃能发挥其最大的营养效果。所含的维生素C大量储存在表皮上，所以烹调时最好不要去皮，以保留营养素。

胡萝卜

【 主要保健功效 】

胡萝卜含有丰富的维生素A，可帮助视紫质形成，维持视觉正常；还可保持皮肤湿润，改善皮肤干燥、牛皮癣等症状；适量的维生素A可增进上皮细胞的正常分化，调节免疫系统。

【 营养烹调秘诀 】

胡萝卜中的类胡萝卜素是脂溶性维生素，和含油脂食物一起烹饪摄取吸收效率更好。胡萝卜最好避免与含有酒精的饮料一起食用，因为类胡萝卜素与酒精一起进入体内，会降低类胡萝卜素的活性和作用。

牛蒡

【 主要保健功效 】

牛蒡所含的营养素包括维生素A、钾、钙、镁、膳食纤维与菊糖等，膳食纤维可刺激肠道蠕动，降低体内胆固醇，使排便顺畅，预防肠道癌症；菊糖进入体内不换转化为葡萄糖，十分适合糖尿病患者食用。

【 营养烹调秘诀 】

牛蒡的膳食纤维丰富且质地较粗，不易咀嚼，所以在烹调时建议以刨丝的方式，较容易入味，口感也较好。烹调方式以快炒或煮熟之后凉拌为主。

竹笋

【 主要保健功效 】

竹笋属于低糖、低脂肪、多膳食纤维的食物，能刺激肠胃蠕动，减少脂肪堆积，帮助减重，抑制胆固醇的吸收。其属性寒且富含维生素C的特性，是夏季消暑美白的好食材。

【 营养烹调秘诀 】

竹笋暴露在空气中容易氧化和变苦，建议购买后先用清水清洗表面，连壳一起入锅煮，想要食用时再剥壳切块。如果马上要吃，可以剥壳切片或块状后烫煮，更能尝到竹笋的清甜味。

Index

莲藕

【主要保健功效】

切莲藕时所产生的丝，就是黏蛋白，可促进脂肪和蛋白质的消化，减少肠胃负担，并具健胃作用。莲藕含有维生素C，可以促进铁质吸收；丹宁可消炎、止血。

【营养烹调秘诀】

莲藕的切口极易变色，切好后可以先放在醋水中；汆烫时加入少量醋，可让莲藕保持原色，汆烫时间不宜过久，以免失去清脆的口感。塞入糯米以糖蜜的方式烹调，可尝到莲藕松软的口感。

包心白菜

【主要保健功效】

包心白菜含有维生素C，热量极低；富含钾，有助于将钠排出体外，降低血压，还有利尿作用，能消除身体浮肿；镁则有助于帮助钙质吸收，促进心脏及血管健康；非水溶性膳食纤维则可促进肠道蠕动，改善便秘。

【营养烹调秘诀】

包心白菜略带寒性，身体较虚寒者，食用时宜加一些姜丝去寒。因其膳食纤维较长，食用对象有老人或小孩时，可延长烹调时间使菜煮至软烂，或事先以切段的方式，使其更加适口。

圆白菜

【主要保健功效】

圆白菜中的维生素K具有凝固血液的功效，维生素U可以促进胃的新陈代谢、促进胃粘膜的修复。研究发现，圆白菜中含有吲哚、异硫氰和多酚化合物，抗癌效果佳，也含有可改善贫血的叶酸。

【营养烹调秘诀】

圆白菜中所含有的维生素C和吲哚类都是水溶性营养，汆烫、快炒和炖煮等加热过程中营养易流失，所以生吃圆白菜或煮汤时或连汤一起食用，才能摄取到溶解的营养。

西兰花

【主要保健功效】

西兰花含有维生素A、维生素B_1、维生素B_2及维生素C，其中维生素A及维生素C能避免细胞氧化，延缓身体衰老，维生素C则可增强免疫力、美白淡斑，而维生素B_1可以消除疲劳，维生素B_2则可促进消化、改善口舌发炎症状。

【营养烹调秘诀】

西兰花以汆烫或快炒的方式，最能煮出原始风味，烹调时可加入含有维生素E的烹调用油，除了能增加抗氧化能力，还能促进维生素A的吸收。因为西兰花容易有菜虫且不易发现，在煮之前应仔细清洗。

洋葱

【主要保健功效】

洋葱中含有许多对人体有益的营养素及化学物质，如维生素C、钙等。维生素C具有抗氧化的效果，还能增强人体免疫力。钙质则能使神经传导正常，使精神稳定，并且有预防骨质疏松的作用。

【营养烹调秘诀】

洋葱适合各种烹调方法，尤其是食用高脂肪食物时，最好能搭配些许洋葱，将有助于抵消高脂肪食物引起的血液凝块；生吃洋葱则可摄取到比较多的维生素C。

韭菜

【主要保健功效】

韭菜中丰富的膳食纤维能促进肠道蠕动，增加粪便的体积及保水度，使其柔软易排出；此外韭菜含有大量的叶酸及铁质，能维持红细胞的正常功能，可预防贫血。现代医学证实韭菜中含有硫化物，能够抑菌、杀菌。

【营养烹调秘诀】

韭菜多为煮熟后食用，且因为其膳食纤维较粗，不易咀嚼及消化，可切段或剁碎使其更加适口。韭菜含有维生素A，烹调过程中添加油脂，更能促进脂溶性维生素A的吸收。

葱

【主要保健功效】

葱含有的B族维生素有促进消化、消除疲劳的效果。葱的辛香味为一种硫化物，能抑制肠胃道细菌，增进肝脏解毒与增强人体免疫力；辛辣味则是蒜素，可促进血液循环、温暖身体，并可消除肩膀酸痛与疲劳。

【营养烹调秘诀】

葱富含维生素C，生食可减少维生素C的流失，但加热可使硫化物的不悦气味降低，吃起来也较具甜味，所以也可以用短时间加热方式烹调食用。葱在烹调上，常是生的切片或者切段之后作为爆香的材料。

姜

【主要保健功效】

姜里所含的挥发性化合物、姜辣素、维生素C等对人体健康有极大帮助，挥发性物质在人体内可促进胃液分泌，加强消化代谢；姜辣素能促进血液循环，达到驱寒的效果；丰富的维生素C能提高免疫力。

【营养烹调秘诀】

老姜的纤维较粗，常用以调味与中和寒性食物，使用时可用切片或拍碎的方式，让风味释出；而嫩姜口感较佳，也不如老姜来的辣，所以通常是以切片腌渍的方式，或者是切丝入菜。

蒜

【主要保健功效】

蒜含有丰富的硫化合物，但主要成分是蒜素，具有杀菌与抗菌能力，能预防感冒；此外，蒜素可提高维生素B₁的吸收与效果，能维持神经及肌肉功能正常，促进消化，并且有促进肝脏代谢、消除疲劳的作用。

【营养烹调秘诀】

蒜建议生吃，因为加热会的使其中的有效成分流失，即使要加热，也应缩短烹调时间。想避免其中的蒜素引起口气不佳，可与肉类、鱼类、豆类等蛋白质食物一并使用，降低大蒜的臭气。

肉类

猪肉

【主要保健功效】

瘦猪肉是维生素B₁最主要的来源，每天摄取100克猪瘦肉，即达到卫生署的维生素B₁建议量的50%。维生素B₁是人体新陈代谢、热量消耗的重要维生素，缺乏维生素B₁会造成脚气病、食欲不振、消化不良，也会影响神经、心脏等系统。

【营养烹调秘诀】

不同部位的猪肉，脂肪含量及结缔组织也各有不同，可依烹调方式选择，例如里脊肉的肉质柔软，适合做各种料理；五花肉脂肪含量高，适合炖煮及红烧。猪肉经长时间烹煮，能减少30%的脂肪含量，降低胆固醇的摄取。

猪肝

【主要保健功效】

猪肝含丰富铁质、蛋白质、脂肪、维生素A、B族维生素，对于贫血、病患、孕妇或产后坐月子的妇女来说，都是极具营养价值的食材，可补肝养血、滋润肌肤。

【营养烹调秘诀】

肝脏参与营养素代谢、运送、贮送与解毒等功能，烹调猪肝时，必须烹煮至全熟才能彻底杀菌，避免生嫩不熟而感染疾病。要去除猪肝的腥味，可先用沸水氽烫，去血水后再进行烹调。

猪脚

【主要保健功效】

猪脚胶质含量高，可强化骨骼，加强韧性及骨骼发育所需，能预防骨质疏松，并增进皮肤弹性、滋润肌肤。胶质可活化细胞，参与神经反应传导，延缓衰老，具抗老化功用。

【营养烹调秘诀】

猪脚炸过后再烹调，能逼出多量的油脂，可减少猪脚高脂肪的摄取量。猪脚后脚蹄的部位富含胶质，可用炖汤方式烹调，并添加花生、黄豆，除口感美味外，更能吃进胶质营养，有助丰胸及促进女性荷尔蒙的分泌。

牛肉

【主要保健功效】

牛肉所含的丰富蛋白质、氨基酸，易被人体吸收利用，是生长发育及修补细胞组织所必需；矿物质中的铁、钙及B族维生素含量较多，可预防贫血，增强记忆力，促进新陈代谢，消除疲劳，补充活力。

【营养烹调秘诀】

牛肉的养分易流失，以炒、焖、煎等烹调方式，能保留较多的维生素及矿物质。在解冻时，避免放入水中浸泡或流水解冻过久，尤其忌反复的解冻、冷冻，否则会大大降低肉的美味，宜小包装适量分装每次的食用量。

鸡肉

【主要保健功效】

鸡肉属于白肉，所含的脂肪以不饱和脂肪酸为主，为优质蛋白质、必需氨基酸与B族维生素的来源，易被人体消化吸收，能安定神经及滋补虚弱。患有高脂血症或心血管疾病的人，可选择白肉来取代红肉。

【营养烹调秘诀】

鸡肉以顺纹切，可去掉皮下脂肪及鸡皮，减低脂肪摄取。烹调时宜用小火慢熬，汤头会更鲜甜，搭配菇类及蔬菜也能提高营养价值，蔬菜的膳食纤维也可发挥作用，美味又健康。

火腿

【主要保健功效】

火腿富含蛋白质及矿物质，经过腌渍过程，更易被人体吸收利用；但腌熏制品会有大量的亚硝酸盐类的添加物，不宜经常食用，特别是水肿、心脏病、高血压患者宜避免，产妇或哺乳妇女也要少吃。

【营养烹调秘诀】

为了防止腐败与肉毒杆菌生长，在火腿加工过程会添加亚硝酸盐，应避免与优酪乳一起食用，避免增加致癌的危险。火腿性温，可以和冬瓜一起煮汤，补充营养同时清热退火。火腿和西红柿一起食用，则可减少腌熏食物致癌的危险。

香肠

【主要保健功效】

香肠由剩肉、内脏制成，含有蛋白质、脂肪、糖类及钠，由于在制作时会加入盐和硝酸盐等添加物，有碍肝肾功能，不宜多吃。

【营养烹调秘诀】

烹调香肠时，应避免直接加热，比方烧烤、油煎、酥炸等，最好用水煮方式，让硝酸盐溶解于水中。

Index

虱目鱼

【 主要保健功效 】

虱目鱼富含维生素B$_2$，可保护皮肤黏膜，促进肌肤、指甲和头发的生长，并提高身体的抵抗力。烟碱酸则有助于消化系统的正常运作，促进血液循环，消除宿醉，适合经常喝酒、肌肤干涩和虚冷症的人食用。

【 营养烹调秘诀 】

虱目鱼可以干煎、炭烤、红烧、加豆豉同蒸或是油炸，但最好以清蒸为主，减少油炸才能保留较多营养素。另外，由于虱目鱼的鱼皮含有丰富的胶质，干煎时，不宜放太多油，以免引起油爆。

非洲鲫鱼

【 主要保健功效 】

非洲鲫鱼含有多元不饱和脂肪酸DHA，是眼睛及脑部正常发育所必需的成分。丰富蛋白质，有助于增强体力，同时还含有胶原蛋白，可使肌肤保持光滑、年轻。钾含量较高，可降低血压。富含铁，可预防和改善因缺铁引起的贫血。

【 营养烹调秘诀 】

非洲鲫鱼是人工养殖鱼类，容易感染细菌或寄生虫，故食用前必须彻底洗净杀菌，以免引发腹泻或肠胃炎。非洲鲫鱼清蒸、干煎、红烧或煮汤都很适合，若担心土味太重，烹调时可搭配葱、姜一同煮食。

鲳鱼

【 主要保健功效 】

鲳鱼含有60%左右的不饱和脂肪酸，可预防动脉硬化、心血管疾病。富含钾，可和钠一起维持体内的水分平衡，将体内代谢物排出体外，降低血压。维生素则可减轻眼睛疲劳，维生素B$_1$、维生素B$_2$有助于促进新陈代谢。

【 营养烹调秘诀 】

鲳鱼本身富含W-3脂肪酸，所以尽量不要用烧烤及油炸的方式，否则容易使脂肪酸变质。此外，由于鲳鱼卵中含有毒素，处理鲳鱼时务必将鱼卵去除，千万不可食用。

金枪鱼

【 主要保健功效 】

金枪鱼富含不饱和脂肪酸DHA与EPA，DHA可以抑制脑细胞的老化，EPA能够净化血液，减少血栓的形成，预防动脉硬化和脑溢血，还能增加好的胆固醇，减少中性脂肪，可预防各种成人病。

【 营养烹调秘诀 】

生鱼片切片后肉质暴露在空气中，容易流失营养，因此必须马上吃完。金枪鱼富含铁质，烹调或食用时可淋上柠檬汁，其所含维生素C可帮助铁质吸收，能改善贫血症状。

带鱼

【主要保健功效】

带鱼富含维生素D，可促进钙质与维生素A的吸收，预防感冒。镁能预防老年失智，改善高血压与高脂血症。带鱼表面的银粉含油脂量达20%～25%，有多种不饱和脂肪酸，能够降血脂、防动脉硬化和脑血栓。

【营养烹调秘诀】

带鱼的内脏容易有寄生虫，因此，不建议生吃，以盐烤、干煎、清蒸或红烧较为适宜。因带鱼富含不饱和脂肪酸，尽量不要用油炸方式烹调，以免不饱和脂肪酸流失。

鳕鱼

【主要保健功效】

鳕鱼为深海鱼类，富含EPA及DHA，可能预防心血管疾病，活化脑细胞。牛磺酸可降低胆固醇、抑制癌细胞，改善肝脏功能并预防老化。鳕鱼的热量低，但富含各种营养成分，适合瘦身者食用。

【营养烹调秘诀】

鳕鱼切勿反复冷冻解冻，否则会造成营养流失及鲜度下降。烹调前可先用沸水氽烫一下，以去除腥味及血水；蒸鱼时，先用大火再转中火，大火可让鱼肉迅速收缩，减少水分流失，并保留鱼肉的鲜味。

鲫仔鱼

【主要保健功效】

鲫仔鱼的脂肪含量虽少，钙质却相当丰富，并且含有维生素A、维生素C、钠、磷、钾等营养素，加上鱼骨极细软，可轻易被人体消化吸收，对人体骨骼发育有益，适合婴幼儿、孕妇及老年人食用。

【营养烹调秘诀】

鲫仔鱼捕捉后为了保鲜，常覆以盐保存，因此烹煮时不要添加大量盐调味，否则可能摄取过多盐分。鲫仔鱼钙质含量丰富，可与蔬菜一同煮汤，或与鸡蛋一起烹调，能促进钙质吸收。

青蟹

【主要保健功效】

青蟹富含蛋白质与B族维生素、牛磺酸，可促进新陈代谢、消除疲劳；钙质可强健牙齿及骨骼，还参与血液凝固、肌肉收缩及调节神经传导功能，有松弛神经、稳定情绪、延缓疲劳的效果。

【营养烹调秘诀】

死蟹的有害物质过多，因此最好购买活蟹烹调。其鳃、沙包及内脏有大量毒素和细菌，务必去除，并煮熟再吃。吃蟹时，可蘸点加有姜末的醋汁，驱寒杀菌。

Index

草虾

【 主要保健功效 】

草虾含维生素A，可维持眼睛结膜与角膜健康、减轻眼睛疲劳，预防感冒；B族维生素能增强体力、对抗疲劳，加上可抗氧化、降血脂的牛磺酸，能保护心血管系统，防止动脉硬化。

【 营养烹调秘诀 】

虾背上的虾线是虾尚未排泄完的废物，最好去除后再食用。头部、内脏及卵黄的胆固醇含量高，最好也去除。剖虾球时，除了背部划一刀，腹部也要划一刀，但不要断，如此虾球形状会更漂亮。

蛤蜊

【 主要保健功效 】

蛤蜊富含铁质，对因缺乏铁质所造成的贫血症状有很好的食疗功效。牛磺酸对婴儿脑部及眼部发育有益，可抗痉挛及减少焦虑、降低胆固醇，保护心脏血管系统的健康。所含的丰富维生素E，则可延缓细胞老化，预防失智。

【 营养烹调秘诀 】

蛤蜊容易腐败变质而产生有毒成分，因此烹煮前要仔细挑选并洗净，烹煮时要加热完全，否则可能引起食物中毒。蛤蜊本身已具有鲜甜甘美的风味，所以烹煮时不需再加太多的调味料，以免失去原有的风味。

牡蛎

【 主要保健功效 】

牡蛎营养丰富，含蛋白质、脂肪、维生素A、维生素E、B族维生素、钙、镁、锌、铜、铁与牛磺酸，可提高身体免疫力、促进视力健康、协助肝脏排毒，可促进妇女乳汁分泌，并有多种与生殖系统发育相关的矿物质，适合生长发育期、身体虚弱者及男性食用。

【 营养烹调秘诀 】

生食牡蛎时，注意新鲜度与卫生，做好杀菌洗净工作，避免细菌感染。牡蛎属于高嘌呤含量食品，会增加血中尿酸浓度，痛风与尿酸过高患者不宜过度食用。

鲍鱼

【 主要保健功效 】

鲍鱼含钙质，有益骨骼发育；富含铁质，每100克鲍鱼可提供11.4毫克铁质，能有效改善贫血症状。此外，鲍鱼中含有鲍素，能破坏癌细胞必须的代谢物质，达到抗癌功效。

【 营养烹调秘诀 】

鲍鱼洗净后，放入沸水中烫煮2分钟，不可烫太久，否则肉太老不好吃，捞起放入凉开水中浸冷透即可；因外壳含石决明成分，可于烹调时再加入枸杞子，对视神经及脑神经有保护的功效。

墨鱼

【 主要保健功效 】

墨鱼中蛋白质含量达16%～20%，脂肪含量则不到2%，富含EPA、DHA以及维生素E，加上高量牛磺酸能减少血管壁内所累积的胆固醇，具有延缓衰老、强化肝脏功能、保护视力、预防老年痴呆症等功效，很适合中老年人食用。

【 营养烹调秘诀 】

墨鱼可以烫熟后蘸五味酱（葱、姜、蒜、酱油、白醋、代糖），或以凉拌的方式调理，可以将墨鱼低热量的特色充分发挥，成为一道低热量高营养的佳肴。春天是墨鱼的产卵季节，这时的墨鱼最好吃。

鱿鱼

【 主要保健功效 】

鱿鱼富含DHA和EPA，加上大量牛磺酸，可减少血管壁上胆固醇的围积。钙质有助于维持牙齿骨骼的健康，维生素B_6、维生素B_{12}可以改善因缺乏维生素B_6、维生素B_{12}所造成的贫血症状，适合骨质疏松或贫血患者食用。

【 营养烹调秘诀 】

生鱿鱼含有多肽的成分，会影响肠胃的蠕动功能，最好是煮熟再食用，以免肠胃消化不良。鱿鱼中的钠含量很高，所以尽量以清淡的方式烹调，不要加入过量的调味品，以免使血压上升。

海带

【 主要保健功效 】

海带含维生素A、烟碱酸、碘、钙、铁。维生素A可保护眼睛、减少呼吸道感染，烟碱酸有助消化系统功能正常，改善疲倦及食欲不振的现象。碘为甲状腺素中的重要营养素，摄取足够的碘可避免甲状腺肿大。

【 营养烹调秘诀 】

海带在购买之后以清水洗净，并以开水汆烫，可去除杂质及过多的钠。建议海带与钾含量较高的食材，如蔬菜一同入菜，更可促进体内过多的钠排除，避免水肿。

豆蛋类

豆腐

【 主要保健功效 】

豆腐含有人体无法合成的必需氨基酸，且植物固醇具有降低胆固醇作用；其中的大豆寡糖可活化肠胃，促进消化吸收，异黄酮素可有效预防乳癌、大肠癌等。

【 营养烹调秘诀 】

豆腐易消化吸收，含丰富的钙质，可搭配鱼贝类或蘑菇来增加钙质的吸收率。另外，也可搭配牛肉、乳酪来弥补豆腐制作过程中流失的色氨酸。以油炸方式烹调豆腐，会破坏豆腐的营养素，而且还会吸附过多的油脂。

豆干

【主要保健功效】

豆干是由豆类制成，含有均衡的植物性蛋白质，以及维生素B_1、维生素B_2、维生素B_{12}、钙、磷、铁、钾、钠、胡萝卜素等营养素。

【营养烹调秘诀】

豆干所含的植物性蛋白质可搭配肉类蛋白质，以此来提高营养价值，获取均衡的营养。烹调豆干前，宜注意其是否有酸味；豆干用于煎、炒、炸、卤方式都别具风味，不适宜煮汤。

鸡蛋

【主要保健功效】

鸡蛋含有人体所需的氨基酸、DHA、脂肪、钙、铁、维生素A、维生素B_1、维生素B_2、维生素D、维生素E；均衡丰富的营养能维护神经系统、增强记忆力、维持体力与协助身体代谢，卵磷脂亦可帮助脑部及中枢神经的发育，活化脑细胞及降低胆固醇。

【营养烹调秘诀】

生蛋白含有抗生物蛋白，会妨碍身体对营养素的分解及吸收，尽量将蛋白煮熟再食用；在烹调上，要吃到鸡蛋的营养，以水煮、煮汤及蒸蛋方式，最能摄取到营养素。

咸蛋

【主要保健功效】

咸蛋的蛋壳内含有丰富的钙质，长时间浸泡盐水后，会将大量的有机钙溶解到蛋白和蛋黄中；经过分析，咸蛋里的含钙量约为新鲜鸡蛋的3倍，适量食用咸蛋，可以防治骨质疏松。

【营养烹调秘诀】

咸蛋的钠含量高，而钠的主要功用在于平衡体内的水分与酸碱度，当钠摄取过多时，身体便会保留水分来维持平衡，容易造成肾脏负担，引起水肿并增加心脏负荷，高血压患者不宜食用。食用咸蛋应该搭配清淡的饮食，并且减少盐的添加。

皮蛋

【主要保健功效】

皮蛋富含铁质、蛋白质、胆固醇、多种氨基酸与维生素A、B族维生素、维生素E。皮蛋的铁质有助于预防及治疗因缺铁而引起的贫血，并可促进发育。

【营养烹调秘诀】

皮蛋缺少维生素C，和西红柿一起搭配食用，可以均衡营养，还有消暑止渴、改善小便色黄的功效。醉酒时，取1~2个皮蛋蘸醋吃，有醒酒的功效。另外，食用皮蛋加豆腐，也有改善口腔溃疡的功用。

菌菇类

香菇

【 主要保健功效 】

香菇的多糖体可增强T细胞免疫功能，释放干扰素，达到抑制肿瘤、抗癌的目的，并可抵抗病毒感染，预防感冒。多食用香菇可降低血清中的胆固醇、三酸甘油酯，减少动脉硬化及血栓风险。此外，香菇所含的麦角固醇含量较多，麦角固醇是维生素D的前趋物，可帮助钙的吸收。

【 营养烹调秘诀 】

香菇中的核酸物质是菇类美味的来源，适合煮汤。炖煮愈久愈香，是因香菇中的核酸成分随烹调时间愈久释出愈多。香菇有干品与生鲜之分，炖汤以干货泡水较美味；蔬菜烹调宜用生鲜。

金针菇

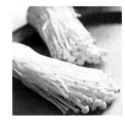

【 主要保健功效 】

金针菇含人体所需氨基酸，其中所含的多糖体能抗肿瘤、抑制癌细胞生长，透过提高免疫力来发挥抗癌功用。高含量的离氨酸及精氨酸能增强记忆力及促进生长发育，对脑细胞的再生也有功用。维生素B_2及烟碱酸对面疱及湿疹患者皆有益。

【 营养烹调秘诀 】

新鲜金针菇含秋水仙碱，大量生食容易刺激肠胃及呼吸道黏膜，引起恶心、呕吐、腹痛等情形，但只要煮熟，秋水仙碱即会被破坏。金针菇含有丰富的蛋白质，加热时间过长，容易造成B族维生素流失，不适合以烤及油炸的方式烹调处理。金针菇也属高嘌呤食物，肾脏病或痛风患者宜酌量食用。

黑木耳

【 主要保健功效 】

新鲜的黑木耳内，其钙质含量是肉类的30～70倍，铁质比肉类多100倍，还含有丰富胶质，能滋润肌肤、排除体内废物，是所有女性和一般群体补充钙、铁等营养素的最佳选择。黑木耳具有丰富的膳食纤维，能刺激肠道运动，减少脂肪吸收，帮助排便顺畅。

【 营养烹调秘诀 】

黑木耳可搭配各种食材，不论是炒菜、煮汤、凉拌都很适合。在滋补养生方面，可将黑木耳加水熬煮出其丰富胶质，加上冰糖、红枣后，就成为一道补血养颜的美味饮品。由于黑木耳具有可抑制血小板聚集的作用，有可能造成凝血功能不佳，因此手术与拔牙前后，以及女性月经期间应避免或减少食用黑木耳。

图书在版编目（CIP）数据

家常菜秘诀，这样做最好吃 / 人类智库编辑部主编
. -- 南京：江苏凤凰科学技术出版社，2015.4
（含章·食在好健康系列）
ISBN 978-7-5537-3704-1

Ⅰ.①家… Ⅱ.①人… Ⅲ.①家常菜肴－菜谱 Ⅳ.
①TS972.12

中国版本图书馆CIP数据核字(2014)第195696号

中文简体字@2015年出版
本书经台湾人类智库数位科技股份有限公司正式授权，同意经
由凤凰含章文化传媒（天津）有限公司出版中文简体字版本。非经
书面同意，不得以任何形式任意重制、转载。

江苏省版权局著作权合同登记　图字：10-2014-347 号

家常菜秘诀，这样做最好吃

主　　　编	人类智库编辑部	
责 任 编 辑	张远文　　葛　昀	
责 任 监 制	曹叶平　　周雅婷	
出 版 发 行	凤凰出版传媒股份有限公司	
	江苏凤凰科学技术出版社	
出版社地址	南京市湖南路 1 号 A 楼，邮编：210009	
出版社网址	http://www.pspress.cn	
经　　　销	凤凰出版传媒股份有限公司	
印　　　刷	北京旭丰源印刷技术有限公司	
开　　　本	718mm×1000mm　1/16	
印　　　张	14	
插　　　页	4	
字　　　数	210 千字	
版　　　次	2015 年 4 月第 1 版	
印　　　次	2015 年 4 月第 1 次印刷	
标 准 书 号	ISBN 978-7-5537-3704-1	
定　　　价	39.80 元	

图书如有印装质量问题，可随时向我社出版科调换。

品质悦读 | 畅享生活